essentials

essentials liefern aktuelles Wissen in konzentrierter Form. Die Essenz dessen, worauf es als „State-of-the-Art" in der gegenwärtigen Fachdiskussion oder in der Praxis ankommt. *essentials* informieren schnell, unkompliziert und verständlich

- als Einführung in ein aktuelles Thema aus Ihrem Fachgebiet
- als Einstieg in ein für Sie noch unbekanntes Themenfeld
- als Einblick, um zum Thema mitreden zu können

Die Bücher in elektronischer und gedruckter Form bringen das Expertenwissen von Springer-Fachautoren kompakt zur Darstellung. Sie sind besonders für die Nutzung als eBook auf Tablet-PCs, eBook-Readern und Smartphones geeignet. *essentials:* Wissensbausteine aus den Wirtschafts-, Sozial- und Geisteswissenschaften, aus Technik und Naturwissenschaften sowie aus Medizin, Psychologie und Gesundheitsberufen. Von renommierten Autoren aller Springer-Verlagsmarken.

Weitere Bände in der Reihe http://www.springer.com/series/13088

Andreas Baumert

Einfache Sprache in Zeiten des Wandels

Zur Notwendigkeit einer verständlichen Wissenschaft

Andreas Baumert
Hannover, Deutschland

ISSN 2197-6708 ISSN 2197-6716 (electronic)
essentials
ISBN 978-3-658-27739-0 ISBN 978-3-658-27740-6 (eBook)
https://doi.org/10.1007/978-3-658-27740-6

Die Deutsche Nationalbibliothek verzeichnet diese Publikation in der Deutschen Nationalbibliografie; detaillierte bibliografische Daten sind im Internet über http://dnb.d-nb.de abrufbar.

Springer Spektrum

Springer Spektrum ist ein Imprint der eingetragenen Gesellschaft Springer Fachmedien Wiesbaden GmbH und ist ein Teil von Springer Nature.
Die Anschrift der Gesellschaft ist: Abraham-Lincoln-Str. 46, 65189 Wiesbaden, Germany

Was Sie in diesem *essential* finden

- Fakes und Verschwörungstheorien verstellen die Sicht.
- Worauf eine offene Gesellschaft baut.
- Wie Profis Laien informieren.
- Zusätzliche Aufgaben der Wissenschaft in kommenden Jahrzehnten.
- Warum einfache Sprache bei ihrer Bewältigung helfen kann.

Inhaltsverzeichnis

Für den Apfelbaum zu früh 1

Die Zeichen standen oft schlecht. Sie haben sich dennoch durchgeschlagen, *geschlagen* in des Wortes wahrstem Sinn. Die Rede ist von unseren Vorfahren, denen wir eine Welt verdanken, die nun an ihre Grenzen stößt.

Ja, so war es, schrieb der Psychiater und Wissenschaftsjournalist Hoimar von Ditfurth. Findig sein und Aggressivität gegenüber allem Störenden haben unsere Spezies weit gebracht. Das hunderttausende Jahre währende Erfolgsmodell gerät jetzt aber an seine Grenzen. Wenn wir nicht bald die Notbremse ziehen, rauscht der Zug den Hang hinunter. Unumkehrbar, endgültig, aus!

> Wenn wir noch einmal davonkommen wollen, müssten wir uns daher in diesem Augenblick wehren. Jetzt und heute. Wenn es uns nicht gelingt, unser gesellschaftliches Verhalten radikal zu ändern, gibt es niemanden, der uns retten könnte. (Ditfurth 1985: 227)

Von Ditfurth spricht von zwei Generationen, mehr bleibt nicht. Ist das erneut eine Drohung mit der Apokalypse, geht die Welt wieder einmal unter, wie man es schon oft vorausgesagt hatte? Wir werden es erst hinterher bestätigen oder verwerfen können.

Was uns als Wissenschaftler und wissenschaftlich Gebildete jetzt auszeichnen kann, ist, diese Sorgen ernst zu nehmen. Schließlich haben etliche eine hervorragende Bildung genossen, nicht selten auf Kosten der Allgemeinheit; zu ihr gehören viele, die von dieser Bildung ausgeschlossen sind.

Die Drohung ist Thema dieses *essentials,* das eng mit seinem Vorgänger (Baumert 2019) verknüpft ist. Darin ist dargelegt, wie wir Gedanken in einfacher Sprache einem Lesepublikum verständlich machen können. Heute stellt sich uns die ehrgeizige Aufgabe, in einfacher Sprache über die gegenwärtigen recht ernsten Verwerfungen und Risiken zu informieren.

A. Baumert, *Einfache Sprache in Zeiten des Wandels,* essentials,
https://doi.org/10.1007/978-3-658-27740-6_1

Wir sind keine hilflosen Opfer, wir können mehr schaffen, als in der Not einen Baum zu pflanzen. Von Ditfurth glaubte, der berühmte Satz stamme von Martin Luther:

> Und wenn ich wüßte, daß morgen die Welt unterginge, so würde ich doch heute mein Apfelbäumchen pflanzen. (Ditfurth 1985: 367)

Der Satz ist nicht von Luther, sondern er wurde vermutlich kurz nach dem Zweiten Weltkrieg genutzt. (Joestel 1992: 37) Man fand sich in einer zerstörten Welt und wusste nicht, wie es weitergeht.

Keine Bäume pflanzen, sondern stattdessen begreiflich dasjenige zur Lösung der Probleme beitragen, was die Bevölkerung zurecht von der Wissenschaft erhofft. Zu diesem Ziel erwarten Sie Kap. 2–5:

2. Wir werden nicht von Autoritäten niedergehalten, deren Weltsicht man folgen muss. Wohl deswegen versuchen einige, mit Lügen, Verdrehungen, Fakes und Verschwörungstheorien ihr Ziel zu erreichen.
   Die moderne elektronische Kommunikation scheint vieles zuzulassen, das gebildete Bürger gruseln sollte. Eine widerwärtige Jauche breitet sich aus, die einzudämmen Wissenschaft helfen muss.
3. Auf Wissen und Engagement der Bürger setzt Poppers *offene Gesellschaft.* Dazu wird dieses Kapitel einige Hintergründe vorstellen oder in Erinnerung rufen.
4. Drei populäre Beispiele zeigen, dass man sich vor dieser Aufgabe nicht fürchten muss: Lesch, Yogeshwar und von Hirschhausen rücken gerade, was bei manchem im gedanklichen Chaos untergeht.
5. Das gegenwärtige Erdzeitalter wird vom Menschen gestaltet. Daraus ergibt sich fast zwangsweise eine Forderung an unser Nachdenken: Was tun wir hier eigentlich? Dem müssen wir uns stellen.
   Unsere Ausgangslage ist längst nicht so schlecht, wie mancher fürchten mag. Denn noch vertrauen viele der Wissenschaft. Sie wird einiges fordern: Weitermachen wie bisher **und** für die Zukunft planen, das passt nicht mehr zusammen.
   Wissenschaft ist auch in der geschichtlichen Betrachtung kein unverdaulich trockenes Gestrüpp. Von Francis Bacon bis Hannah Arendt zeigt Robert Crease, wie sich die gegenwärtige politische Situation aus der Sicht eines Wissenschaftshistorikers entwickelt hat. Auch der gegenwärtige Stand wird nicht endgültig sein.

Der Bogen zu dem *essential* über einfache Sprache in der Wissenschaft (Baumert 2019) schließt sich am Ende meiner Ausführungen. In der offenen Gesellschaft benötigen Bürger Entscheidungsgrundlagen. Damit diese für ein größeres Publikum begreiflich sind, muss die schriftliche Ausdrucksform zwingend den Lesern angepasst werden.

Sand im Getriebe

2

Wer behauptet, diese Welt zu verstehen, ist vielleicht sehr jung, unwissend oder fanatisch. Anderen bleiben nur Ausschnitte, oft unscharf hervortretende Details, deren anstrengende Verknüpfung Zeit, Wissen und Kraft verlangen. Ohne die helfende Hand der Wissenschaft ergeben die Teile des Puzzles kein Bild. Selbst mit ihr bleibt alles noch verschwommen und verlangt den Willen zur Interpretation.

Darin geübt, Tablet, Smartphone und dergleichen zu nutzen, ist man informiert oder hofft es wenigstens. Alles Wissen scheint zur Verfügung zu stehen, man muss nur zugreifen. Es ist eine informierende Welt, die ihre Geheimnisse offenlegt, könnte man denken. Doch der Schein trügt.

Wir greifen nur auf ein Netz zu, das Wissen in Häppchen zur Verfügung stellt. Die damit umzugehen gelernt haben, können darin eintauchen, suchen, finden und einen bis vor zwanzig Jahren unvorstellbaren Wissensschatz erobern. Doch auch erfahrene Nutzer verrennen sich, vergeuden Zeit und horten irgendetwas auf Festplatten, das eigentlich gelöscht gehört.

Ein anderer Nachteil des Informationsnetzes wiegt schwerer, denn **neues** Wissen erwirbt man nur mit dem **bekannten.** (Baumert 2019: 8, 11–21) Wer sich nicht wenigstens etwas auskennt, dem ist alles eine chaotische Struktur. So muss der Schaltplan für ein elektronisches Gerät demjenigen erscheinen, der so etwas nie gesehen, gelesen und verstanden hat.

Millionen verheddern sich in den Maschen dieses Netzes und suchen nach Zusammenhängen, die sich von selbst nicht ergeben werden. Dankbar nehmen sie Hilfe an; da kommen welche und sagen ihnen, wo es langgeht. Einfachste Strukturen, klare Feindbilder in verständlicher Sprache. Da musst du lang, dort sind Abgründe, Fallen, die man für Leute wie dich aufgestellt hat. Geh ihnen nicht auf den Leim, dort stecken Lügenpresse, Politiker und die internationale Finanz. Mit ihrem unverständlichen Deutsch wollen deren Wissenschaftler dich hereinlegen. Alles ein abgekartetes Spiel auf deine Kosten. Komm Leidensgenosse, du bist einer von uns.

A. Baumert, *Einfache Sprache in Zeiten des Wandels*, essentials,
https://doi.org/10.1007/978-3-658-27740-6_2

Die Meister des Banalen und Primitiven haben es leicht. Sie gehen unkomplizierte Wege, hetzen gegen Fremdes, gegen alles und jedermann außerhalb des engen Verständnisrahmens, den sie ihren Opfern anbieten. Der wissenschaftlichen Suche nach Wahrheit begegnen sie mit Verachtung, sie ist ihnen zu kompliziert und führt häufig zu Ergebnissen, die nach einiger Zeit wieder korrigiert werden. Also machen die Meister passend, was sonst außerhalb ernster Diskussion stünde. Ob auch sie als Opfer in den Strudel gesogen wurden, ist unwichtig. Ihnen helfen Fakes und Verschwörungstheorien.

2.1 Erstunken und Erlogen

Abstreiten, falsche Fährten legen, diffamieren, faustdicke Lügen: Das Wortfeld ist riesig. Die Sprachmode hat das Wort *Fake* als Vertreter in die Welt gesetzt. Ein Fake war die Behauptung, der Irak produziere Massenvernichtungswaffen; die Toten des folgenden Krieges waren es nicht. Allerdings ist ihre Anzahl so hoch, dass niemand sie wirklich kennt.

Die bewusst falsche Information ist ein **Steuerinstrument.** Man nutzt es, um eine Zielgruppe in ihrer Auffassung zu bestärken, deren Gewissheiten zu erschüttern, zu Handlungen zu veranlassen oder sie zu verhindern. Schön wäre es, wenn nur die wirklich Bösen Urheber wären, es würde das Erkennen erleichtern.

Das bleibt ein unerfüllter Wunsch, wie Journalisten in Recherchen oft erfahren: https://netzwerkrecherche.org/. Die Mogelei bis zur Lüge sind die Quelle des Nebels, durch den sie hindurch müssen, um Sachverhalte und Geschehnisse klar erkennen zu können. Auch manche Journalisten setzen Fakes in die Welt, dabei werden sie von einigen Medien und Verlagen kräftig unterstützt. Die Grenzen sind undeutlich, man kann sich weder auf die Bösen noch die Guten gleich welcher Art verlassen.

Misstrauen ist unerlässlich. Jeder gewissenhafte Redakteur weiß, dass ohne Gegenprüfung nichts veröffentlicht gehört, denn Schlamperei kann den gleichen Schaden anrichten wie Dummheit oder bewusste Unwahrheit.

Der Literaturwissenschaftler Thomas Strässle nennt 7 Faktoren, die zu einem gelungenen Fake gehören (Strässle 2019: 39–49):

1. **Intention**
   Etwas steckt hinter dem Fake, eine Absicht, ein Ziel.
2. **Wissen/Nichtwissen**
   Der Schöpfer kennt sich aus, sein Wissen geht über das Detail hinaus. Andererseits ist auch der Getäuschte nicht völlig ahnungslos. Strässle spricht von einer Dialektik von Wissen und Nichtwissen, „in die der Fake hineinstößt und die er stets neu ausloten muss.“ (Strässle 2019: 41)

3. **Plausibilität**
   Die Täuschung legt sich nicht direkt mit der Wahrheit an, sie will nur glaubhaft und nachvollziehbar sein bei denen, für die sie in die Welt gesetzt wurde.
4. **Publizität**
   Ein Fake gehört in den Umlauf, schnell und weit reichend. Elektronische Medien sind besonders geeignet, Fakes als Dauerberieselung zu schalten. Schnell und den intendierten Opfern unhinterfragbar.
5. **Suggestion**
   Dem Gegenüber die Antwort in den Mund zu legen, ist hässlich. Er wird es merken. Also muss es etwas sanfter sein, die Richtung wohl weisen, dennoch ihm das Gefühl geben, er habe es selber herausgefunden.
6. **Identifikation**
   Wir sprechen nicht über irgendjemanden oder irgendetwas, sondern es geht um dich, deine Liebsten, deine Gegenwart, deine Zukunft.
7. **Merging**
   Der Fake darf nicht alleine für sich stehen, einsam in der Wüste. Er muss in dem Gewimmel abtauchen, sich mischen (to merge) mit all dem anderen, das auf sein Opfer niederprasselt, er muss sich einordnen und ein Teil vom Ganzen werden.

Fakes sind das kleinste Element der **alternativen Wahrheiten,** die fiktive Wirklichkeit werden, wo sich die Zielgruppe vorrangig aufhält. Die Wörter *Echokammer* und *Filterblase* haben sich derzeit für diese Räume durchgesetzt. In sozialen Medien sind Foren und Gruppen geeignete Treffpunkte, an denen die Urteilskraft der Besucher systematisch verschlissen wird. Anderes Denken kommt dort nicht hinein, deswegen bleibt immer etwas hängen, wenn man darin nur oft genug das Gleiche erzählt und Fremdes filtert.

Welchen Namen das Phänomen trägt ist unwichtig, ob *kontra-*, *anti-* oder *postfaktisch, alternativ wahr* und was immer das Befremden füttert.

2.2 Daran drehen welche

Dunkle Mächte, Geheimdienste, Orden, Wirtschaftsunternehmen, die Politik und das Ausland führen uns ständig in die Irre. Wenn diese Ansicht völlig verrückt wäre, hätten Verschwörungstheorien keine Chance. Sie ist es aber nicht, im Gegenteil: „Viele Verschwörungstheorien sind nicht prinzipiell unmöglich, sondern nur unterschiedlich wahrscheinlich“. (Raab, Carbon, Muth 2017: 198–199)

Wenn das Wort *Verschwörungstheorie* fällt, scheint jeder zu wissen, was gemeint ist. Dennoch ist es immer etwas anderes. Weder handelt es sich stets um eine Verschwörung, etwa im Sinne eines Staatsstreiches, noch würden Wissenschaftler an eine Theorie denken. Manchmal scheint es ein Verschleierungsgespinst, dann wieder eine Hetzkampagne. Soviel Ungenauigkeit schürt erwartungsgemäß das Durcheinander, in dem Urheber und Nutznießer neben den Getäuschten eine Einheit zu bilden scheinen.

Durch das Internet verbreitet sich jeder Unfug in Sekunden, oft wird er als Verschwörungstheorie bezeichnet. Abgesehen von der Verbreitungsgeschwindigkeit ist das Phänomen jedoch uralt. Sogar vom längst Vergangenen wirkt heute einiges noch nach.

In der Tat passierte gelegentlich Sonderbares. Drei Beispiele haben mich zutiefst erschüttert, verblassen jetzt aber langsam im öffentlichen Gedächtnis. Nach einiger Zeit wächst eben Gras darüber.

- Gefangene in einem Hochsicherheitstrakt erschießen sich mit eigenen Waffen, erhängen sich oder stechen sich nieder, während auch noch der Strom ausfällt. (Hepfer 2017: 142) Läge Stuttgart-Stammheim in Russland, hätte es die offizielle Version bei uns nicht leicht.
- Dass Roberto Calvi, der Bankier des Vatikans, 1982 von einer Londoner Brücke hängt, war gewiss kein üblicher und würdevoller Abgang. Seine Verbindung zur Mafia und der Loge P2 machte die Sache nicht einfacher. Wer alles die Finger im Spiel haben könnte, war und ist Anlass wilder Theorien.
- Den tödlichen Schuss auf Benno Ohnesorg am 2. Juni 1967 hat der Westberliner Polizist Karl-Heinz Kurras abgefeuert. Wer oder was aber stand hinter Kurras? Immerhin war er Mitglied der SED und Mitarbeiter der DDR-Staatssicherheit. Ost, West, Doppelwest oder einfach nur ein Verrückter mit Schusswaffe? Das KGB oder die CIA?

Cyrille Fall berichtet, dass die Bemühungen des US-Geheimdienstes CIA gelegentlich zu erfolgreich waren: In Botschaften hätten Diplomaten auf Falschmeldungen hereinfallen können, die vom Dienst frei erfunden und in die Welt gesetzt waren. Das durfte man nicht zulassen und informierte wenigstens Botschafter über die eigene *schwarze Propaganda,* die reinen Erfindungen, die in die Presse geschoben wurden und sicher auch heute noch werden. (Fall 1980: 122)

Was ist wahr? Die Mondlandungen 1969–1972 (Abb. 2.1) eine Täuschung, der Angriff auf die Zwillingstürme, das Drumherum eine raffinierte Aktion der CIA?

Ganz Hartgesottene sehen noch immer die Juden an der Quelle allen Unglücks. Auf Youtube darf der Rechtsradikale Horst Mahler (letztmalig

Abb. 2.1 Fußabdruck auf dem Mond

gesehen: 15. Juli 2019) seine Erkenntnis über das Böse des Judentums unter die Menschheit bringen und als Beleg die *Protokolle der Weisen von Zion* anführen, eine seit fast hundert Jahren entlarvte Fälschung.

Und das ist der Weg der Verschwörungstheorie: Dass die Protokolle der Weisen so gründlich als Fälschung entlarvt sind, dass es in der Wissenschaft niemanden gibt, der die Mondlandung anzweifelt, genau das ist der Beweis des Gegenteils: Da muss doch etwas dran sein! An diesem nahezu pathologischen Starrsinn können Wissenschaftler verzweifeln. Richard Hofstadter (1964) benutzte deswegen den Ausdruck *paranoid style,* nicht im Sinne der Psychiatrie, wie er sagt. Er meinte eher unsere umgangssprachliche Verwendung des Wortes *Paranoia.* Allerdings könne man bei einigen Vertretern von Verschwörungstheorien Auslöser im medizinischen Sinn auch nie ganz ausschließen.

Hofstadter hatte für die damaligen USA drei rechte Verschwörungstheorien ausgemacht: den allgemeinen Kampf gegen Systemgrundlagen – Einkommenssteuer –, Kommunisten und Jesuiten. (Hofstadter 1964: 81–82)

Irgendetwas setzt psychische Energie frei, so Hofstadter (1964: 86), um sich in derlei Denkweisen wiederzufinden. Seine über 50 Jahre alten Überlegungen sind mittlerweile von der Wissenschaft überarbeitet, im Kern aber war die Beobachtung wertvoll. Eine gegenwärtige Sichtweise geben Imhoff und Lamberty:

> Eine Verschwörungstheorie liefert eine Erklärung für ein Ereignis in der Vergangenheit oder Gegenwart, die dem etablierten Verständnis widerspricht und davon ausgeht, dass eine bewusste Manipulation oder geheime Absprachen von Einzelpersonen oder Gruppen im Spiel sind. (Imhoff, Lamberty 2018: 167)

Dass sich heute auch wissenschaftlich ausgebildete Anhänger auf den Seiten der Verschwörungstheoretiker finden, hat vielleicht Ursachen, die im Charakter oder Seelenleben ihren Ursprung haben. Denn ein Wissenschaftler, der beharrlich

Unfug vertritt, fällt meist über kurz oder lang aus dem wissenschaftlichen Diskurs. Er muss sich dann damit begnügen, vor seinen Parteigängern aufzutreten, in sozialen Medien und darauf spezialisierten Verlagen oder Zeitschriften zu publizieren. Diesen Weg gehen einige Doktoren, Professoren und ehemals geachtete Forscher.

Es gibt also Fakes und Verschwörungstheorien, sie sind aber nur manchmal leicht zu erkennen; auch seriöse Presse schießt oft genug mit ihren Mitteln ein Land sturmreif, bevor die Panzer rollen. Die ehemals hofierten Saddam Hussein und Muammar al-Gaddafi waren in der westlichen Öffentlichkeit erledigt, bevor die Bomber flogen. Beide Kriege, Irak und Libyen, kosten noch immer täglich Menschenleben, während dieses *essential* geschrieben wird. Faustdicke Lügen, zu denen sich tatsächlich westliche Politiker verschworen hatten, standen am Anfang.

2.3 Selbst denken

Die Wissenschaft kann nicht immer helfen. Die erste Mondlandung 1969 ist gewiss, sie ist beweisbar. Wer sie anzweifelt, fällt auf eine Täuschung herein oder verbreitet bewusst die Unwahrheit. Die *Protokolle der Weisen von Zion* sind dagegen eine Fälschung, auch das ist sicher.

Was aber geschah mit den Stammheimern und mit Calvi? Selbst Fachkundige widersprechen einander. Über Ohnesorg gibt es zwar eine fachlich einwandfreie journalistische Recherche (Soukup 2017), die entscheidenden letzten Fragen kann sie jedoch nicht beantworten: Gab jemand den Auftrag? Wenn ja, wer?

Als heikel sehen viele auch den Einsturz des Gebäudes 7 im Komplex World Trade Center (WTC 7) an. Kein Flugzeug war hineingeflogen, und die oberste Etage wurde auch noch von der CIA genutzt. Etwa eine halbe Stunde nach den Zwillingstürmen ist es musterhaft zusammengestürzt, wie bei einer kontrollierten Sprengung. Das riecht nach einer Verschwörung, gegen die dennoch zu viel spricht:

- Etliche Zeit vor dem Absturz hätte jemand in die Büros gegangen sein müssen. Wände aufreißen, Sprengladungen, Thermit oder dergleichen in großen Mengen an Stahlträgern befestigen, sehr viele Kabel verlegen und den Mitarbeitern etwas erzählen. Was würden Sie sagen, wenn an Ihrem Arbeitsplatz Unbekannte dergleichen tun? Würden Sie es nicht bemerken?

- Vielleicht hätte man alles ja schon während der Bauarbeiten oder bei der Renovierung angebracht, vorbeugend sozusagen. Das Problem bliebe gleich, nur wären es jetzt Ingenieure und Bauarbeiter.
- Damit kommen wir zum letzten und wichtigsten Argument gegen eine Verschwörung, der Zahl der Mitwisser. Hunderte wären beteiligt! Alle müssen über Jahrzehnte dichthalten. Niemand kann so etwas garantieren. Je mehr Mitwisser, desto unwahrscheinlicher ist die Täuschung. Geheimdienste müssen geheim arbeiten, wenige ausgewählte Akteure in definierten Strukturen gehören zu ihren Grundlagen, nicht Hunderte oder etliche Tausend von Amateuren.

Bei der Mondlandung wären es viele Tausend, verstreut über den ganzen Planeten, eingeschlossen die Staaten des Warschauer Vertrages, China und einige andere, deren Richtfunkanlagen 1969 den Mond im Visier hatten. Wenn dort nicht tatsächlich Neil Armstrong und Edwin Aldrin gelandet und ausgestiegen wären, hätte die amerikanische Raumfahrt sofort weltweit Spott und Hohn erlitten. Aber war Aldrin nicht Freimaurer? Ja, aber weder Kommunist noch Jesuit, ist die einzig sinnvolle Antwort.

Hepfer nennt vier Faktoren, auf die eine Verschwörungstheorie baut:

1. Das Gebilde liefert **einfache Antworten** auf komplexe Zusammenhänge.
2. Es beruht vordergründig auf einer Erklärung, die **wissenschaftlichen** ähnlich zu sein scheint.
3. Den Anhänger entbindet es aus der **Eigenverantwortung:** Mächtige Kräfte im Hintergrund …
4. Ein Geschehen wird als ein **Ganzes** erklärt, das somit der kaum durchschaubaren Zusammenhänge entrissen ist, (Nach Hepfer 2017: 91–92)

Für Wissenschaftler ist die Verschwörungstheorie ein undankbarer Untersuchungsgegenstand:

> Denn im Gegensatz zu den Gegenständen ‚normaler' Theorien entzieht dieser sich per Definition und aktiv der Erforschung: Verschwörer vernebeln, verschleiern, legen falsche Fährten und unternehmen auch sonst alles, um der Entdeckung zu entgehen. So kann jede Beobachtung, jede Überlegung, die gegen eine Verschwörungstheorie ins Feld geführt wird, leicht als Folge der aktiven Gegenwehr der Verschwörer gedeutet werden. (Hepfer 2017: 114)

2.4 Gegensteuern

Etwas Verschwörungsquark darf sein, er schadet nicht unbedingt. Viele fallen auf so etwas herein. Solange es um Kleinigkeiten geht, niemand diffamiert und keinem geschadet wird, kann es sogar eine liebenswerte Schrulle sein. Nicht einmal echte Verschwörungstheorien müssen gefährlich sein, „was immer man mit ‚gefährlich' meint … Es kommt also immer auf die Betrachtung des Einzelfalls an." (Butter 2018: 223)

> Deutlich sinnvoller erscheint es deshalb, Menschen Fähigkeiten zu vermitteln, die es ihnen ermöglichen, selbst zwischen konspirationistischen und nichtkonspirationistischen Erklärungen zu unterscheiden. (Butter 2018: 228)

Oft sind Irrtum und Tatsache für Wissenschaft und Technik offensichtlich, dennoch erleben wir die merkwürdigsten Entgleisungen täglich. Flacherdler und Impfgegner scheinen ihre Bindungskraft gerade dadurch zu gewinnen, dass sie das Offensichtliche zur Täuschung erklären: Die Erde ist flach, und Impfungen sind schädlich. Wenn ihnen die Wissenschaft auch nicht als Ganzes suspekt sein mag, ziehen sie Details mit geradezu masochistischem Starrsinn in Zweifel: Für ihr Wissen um die flache Erde dürfen andere gern auf sie einschlagen.

Als verschworene Gemeinschaft präsentiert man sich gegenüber dem Offiziellen, das gehörig an **Vertrauen** eingebüßt hat. Die Normalität lügender Politiker, vergewaltigender Priester, verarmter Menschen und Staaten bestärkt die Zweifler. Mit dieser Welt ist etwas nicht in Ordnung, alles könnte womöglich gleich falsch sein.

Unter Generalverdacht steht, so scheint es, nicht die Wissenschaft als Ganzes. Eher misstraut man Politikern, etablierten Organisationen und den marktbeherrschenden Medien. Denen traut man die Konspiration zu. Es war wohl Karl Popper, der das Wort *Verschwörungstheorie* zuerst in solchem Zusammenhang benutzt hat.

> Um meine Gedanken zu verdeutlichen, werde ich in kurzen Zügen eine Theorie beschreiben, die weit verbreitet ist, die aber das genaue Gegenteil dessen annimmt, was ich für das eigentliche Ziel der Sozialwissenschaften halte; ich nenne sie die *Verschwörungstheorie* der Gesellschaft […]. Diese Theorie behauptet, daß die Erklärung eines sozialen Phänomens in der Entdeckung besteht, daß Menschen oder Gruppen an dem Eintreten dieses Ereignisses interessiert waren und daß sie konspiriert haben, um es herbeizuführen. (Ihre Interessen sind manchmal verborgen und müssen erst enthüllt werden.) (Popper 2013b: 111–112)

Wir werden deswegen im nächsten Kapitel einen notgedrungen kurzen Blick auf Poppers Konzept der offenen Gesellschaft werfen, in deren Getriebe solche verlogenen Konstruktionen wie Sand wirken können.

Die offene Gesellschaft 3

> Was mich betrifft, so habe ich nie etwas geschrieben, das nicht einem echten, dringenden Problem gewidmet war – in letzter Linie, den Problemen des Totalitarianismus und des Krieges: der **Violence** (das englische Wort paßt besser als „Gewalt“;
> Popper in einem Brief an Manfred Geier, Faksimile (Geier 1994: 125)

3.1 Hintergrund

Das Konzept der offenen Gesellschaft – nach Kriegsende 1945 erschienen – war seinem Autor solch ein dringendes Problem. Er hatte den Irrsinn selbst erlebt, die hilflose Brutalität des Parteikommunismus wie die Mordlust der Faschisten. Und er sah, dass angelsächsische Demokratie beidem die Stirn bot. Popper wusste, auf welche Seite er gehörte.

Diese Parteilichkeit drückt sich in Stil und Inhalt aus. Leser ähnlicher Arbeiten der Kriegsjahre müssen einräumen, dass diese

> … keine ‚kühlen‘, aus der Distanz der Zeit gewonnenen Forschungsanalysen für Symposien, sondern neben ihrem wissenschaftlichen Anspruch zugleich auch immer ‚Kampfschriften‘ gewesen sind, aus einer existenziellen Erfahrung heraus geschaffen zur Mobilisierung eines größeren – und auch gerade des anglo-amerikanischen – politischen Publikums. (van Ooyen 2019: 61)

So sah es auch Popper, der seine für ihn ungewohnt angriffslustige Tonlage später erklärt: „Aber Zeit und Umstände verlangten eine scharfe Sprache; auf einen groben Klotz gehört ein grober Keil;“ (Popper 2003a: XVII)

Fernab der europäischen Desaster verfasste er in Neuseeland zwei Werke, die noch heute jedem Faschisten oder Parteikommunisten den Wind aus den Segeln

A. Baumert, *Einfache Sprache in Zeiten des Wandels*, essentials,
https://doi.org/10.1007/978-3-658-27740-6_3

nähmen, wollte oder könnte er sie lesen und verstehen: Das *Elend des Historizismus* und eben *die offene Gesellschaft.* Verlage waren dafür schwer zu finden.

Einigen gefiel Poppers Ton nicht, andere hielten sich bedeckt, weil seine Interpretation Platons nicht in die Zeit passte. Ein Gutachten aus der Harvarduniversität kritisierte seine „Respektlosigkeit gegenüber Aristoteles (nicht Platon!)“. (Popper 2012: 176–177) Der erste Band hieß *Der Zauber Platons,* nicht Aristoteles’.

Schon die Arbeit an der *offenen Gesellschaft* war oft frustrierend. Schlecht bestückte Bibliotheken, Papiermangel und eine Hochschule, die Popper mitteilte, er werde für so etwas nicht bezahlt und solle es unterlassen. (Popper 2012: 167–177).

Eine Interpretation biografischer Daten der Zeit von 1936–1945 finden Leser bei Zimmer und Geier (Zimmer 2019a: 11–14, Geier 1994: 80–98), eine Zeittafel enthält Franco im Anhang (Franco 2019: 787–790).

3.2 Komponenten

Karl Popper (1902–1994) hat ein Konzept der demokratischen Gesellschaft entworfen, die er als einzige für fähig hält, gegen alle Anfeindungen zu bestehen. (Abb. 3.1) Sie muss es nicht, aber sie kann. Eng verzahnt mit seiner Wissenschaftstheorie muss sie sich ständig beweisen. Nichts ist von vorneherein endgültig sicher, alles muss sich gegen den kritischen Verstand bewähren. Niemand sollte glauben, man habe eine Endposition erreicht, nur weil man einmal den richtigen Weg eingeschlagen hätte.

- **Demokratie versus Tyrannei oder Diktatur**

Die Auswahl der Systeme ist für Popper nur zum Schein groß. In Wirklichkeit stehen zwei Optionen zur Verfügung: Mehr oder weniger selber herrschen oder Unterwerfung. Eine Dritte gibt es nicht.

- Demokratie versus Tyrannei oder Diktatur
- Wir sind verantwortlich, niemand sonst
- Freiheit und Sicherheit
- Der irrationale Nationalstaat
- Wirtschaftliche Gewalt
- Vergangenheit bis Zukunft (Historizismus)
- Wissen, Wahrheit und Hypothese
- Kritischer Rationalismus
- Rationalität und Tabu
- Kampf für die Schwachen

Foto: LSE Library

Abb. 3.1 Die offene Gesellschaft, Karl Popper

Die erste wird von einer Regierung geführt, derer „wir uns ohne Blutvergießen, zum Beispiel auf dem Weg über allgemeine Wahlen, entledigen können".

Regierungen der anderen wird man nur mit einer Revolution los. Revolutionen führen aber meist nicht zu dem gewünschten Erfolg. (Popper 2003a: 149)

- **Wir sind verantwortlich, niemand sonst**

Wollen wir in einer offenen Gesellschaft leben, tragen wir auch die Verantwortung. Nichts und niemand kann uns daraus entlassen. Demokratie im Sinne Poppers ist anstrengend, man muss sich engagieren, auch für eine begrenzte Zeit und mit klaren Grenzen die Entscheidungsgewalt anderen übertragen.

> Wir sind es, die eine Autorität anerkennen, ganz gleich, um welche Autorität es sich auch immer handeln möge. (Popper 2003a: 88)

- **Freiheit und Sicherheit**

Politische Probleme, Engagement und Streit gehören zum Alltag. Bürger müssen mitarbeiten, keine Instanz soll sie daran hindern. Andernfalls

> würde die Bereitschaft der Bürger, für die Freiheit zu kämpfen, bald verschwinden und damit die Freiheit selbst. (Popper 2003a: 133)

Freiheit und Sicherheit bedingen einander.

> Denn es gibt keine Freiheit, wenn sie nicht vom Staat geschützt wird; und umgekehrt: nur ein Staat, der von freien Bürgern überwacht wird, kann diesen überhaupt ein vernünftiges Ausmaß an Sicherheit gewähren. (Popper 2003a: 134)

- **Der irrationale Nationalstaat**

Die Koppelung von Staat und Nation ist jenseits der rationalen Betrachtung. Auf welchen Grundlagen die Organisation eines Gemeinwesens baut, ist erkennbar. Die Nation aber ist „ein irrationaler romantischer und utopischer Traum von Naturalismus und Stammeskollektivismus." (Popper 2003b: 62)

- **Wirtschaftliche Gewalt**

„Wir können sie zähmen." Nicht die Wirtschaft oder das Geld sind unser Problem, sondern die Frage, ob demokratische Institutionen sie kontrollieren können. (Popper 2003b: 150)

- **Vergangenheit bis Zukunft**

Ein Wort, das nur wenige kennen: der *Historizismus*. Es bedeutet,

> daß die Geschichte von besonderen historischen oder Entwicklungsgesetzen beherrscht ist, deren Entdeckung uns die Möglichkeit geben würde, das Schicksal der Menschen vorauszusagen. (Popper 2003a: 13)

Historizisten sind davon überzeugt, dass sie die Zukunft aus der Geschichte ablesen könnten, weil es einen Fortgang nach Plan gäbe. Parteikommunisten sind solche Experten: Feudalismus, Kapitalismus, die Diktatur des Proletariats, und schließlich scheint die Sonn' ohn' Unterlass. In ihrem Denken erfasst die marxistische Gegenwartsbeschreibung immer nur den Abschnitt auf einer Zeitachse, von der man zu wissen glaubt, wie es danach weitergeht.

- **Wissen, Wahrheit und Hypothese**

Mathematik und formale Logik kennen den Beweis. Ein Satz ist entweder wahr oder falsch, oder er kann im gegebenen System nicht bearbeitet werden.

In der empirischen Wissenschaft sieht es anders aus. Wir kennen nur Annäherungen an die Wahrheit, haben „Information über die verschiedenen rivalisierenden Hypothesen und über die Weise, in der sie sich in verschiedenen Prüfungen bewährt haben.“ (Popper 2003b: 19)

Später wird Popper diesen Gedanken präzisieren und sagen, dass wir die Wahrheit wohl erreichen können; wir wissen nur nicht, ob wir es geschafft haben. (Popper 2005: 96), (Baumert 2018a: 108)

Daraus folgt, dass wir uns in anspruchsvollen Angelegenheiten immer nur den Umständen entsprechend sicher sein können. In trivialen Fragen, ob die Erde eine Scheibe sei zum Beispiel, sieht es anders aus. Die allgemeine Grenze zwischen Gewissheit – das Hebelgesetz – und Annahme dürfte jedoch nicht sehr trennscharf sein.

- **Kritischer Rationalismus**

Die Grundhaltung Poppers, Irrationales ist ihm fremd; warum aber *kritischer* und nicht einfach nur Rationalismus?

Man kann den Rationalismus oder Materialismus nicht aus sich selbst begründen, am Anfang steht immer eine Annahme, die selbst nicht rational ist. Das ist zum Beispiel der moralische *Glaube an die Vernunft.* (Popper 2003b: 267–271)

In dieser Hinsicht erkennt auch Popper die Grenzen seiner Theorie an; seine Stärke ist es, selbst darauf hinzuweisen.

Kritisch ist Rationalismus, wenn Wissenschaftler zunächst ihre eigene Arbeit folgendermaßen bewerten: Bevor ich etwas vorstelle, beleuchte ich es mit meinen Mitteln aus den mir verfügbaren Winkeln. Gelingt es mir nicht, Fehler zu erkennen, es zu **falsifizieren,** habe ich zunächst das Mögliche getan. Ich darf es dann der wissenschaftlichen Öffentlichkeit vorstellen, die es ihrerseits kritisch beurteilt. Wenn diese Tests bestanden sind, können wir von einem vorläufigen Erkenntnisstand ausgehen. Das ist durchaus vereinbar mit Widersprüchen – wir wissen ein Problem zum gegebenen Zeitpunkt eben nicht besser zu bearbeiten. (Popper 2003b: 279–281)

- **Rationalität und Tabu**

Die rational ausgerichtete Gesellschaft wird den Aberglauben überwinden. Das schlimme Zeichen gibt dann zum Beispiel nur noch Auskunft über die Ladung eines Akkus; Teufel, böse Geister und ähnliches Gelichter landen, wo sie hingehören: in der Hölle der Vergangenheit.

Tabus und andere Stolpersteine können unter rationaler Betrachtung verschwinden. (Popper 2003a: 206)

- **Kampf für die Schwachen**

Wir müssen den Schwächeren beistehen, wir können ihnen aber nicht zum Glück verhelfen. Der „Kampf gegen das Leiden" ist „Pflicht", das Weitere aber eine Angelegenheit der Freunde. (Popper 2003b: 278)

3.3 Grenzen und Wiederbelebung

Poppers Konzept ist ein Ideal,

- das man als „Maßstab der Kritik für bestehende soziale Ordnungen" verwenden kann.
- Schließlich „können Versuche der Annäherung an dieses Ideal zu ganz unterschiedlichen Verfassungen führen." (Albert 2015: 25)

Die offene Gesellschaft im Sinne Poppers ist eine Organisationsform, die zunächst im Zeitbezug gelesen und verstanden werden kann. Sie ist als Konzept unterschiedlicher Erscheinungen der Demokratie zu verstehen. Das gilt sowohl für ihre Herleitung aus dem Kontrast zur platonischen Weltsicht als auch für die Tragweite in der damaligen Weltlage.

Als Popper die beiden Bände in ihre Endfassung brachte, war noch keine Atombombe explodiert, nicht einmal als Test. Ein Brief zwischen Neuseeland und Europa war drei Monate unterwegs, Stalins Parteikommunismus war Verbündeter der Westmächte, und Faschisten waren in Deutschland noch an der Macht. Das ist alles längst vorbei.

Eigentlich müssten die Stolpersteine seines Demokratieverständnisses längst überholt sein. Parteikommunisten können in der westlichen Welt nur noch um einen der hinteren Plätze in Satiremagazinen und -sendungen kämpfen. Ihre moderne Erscheinungsform ist die der angeblich lupenreinen Demokratie. Faschistische Tendenzen sind bislang derart gescheitert, dass sie eigentlich nur noch als Randnotiz auftauchen dürften.

Doch das ist sonderbar: Überall in der westlichen Welt gewinnen diese an Einfluss. Sie bieten einfache Lösungen für komplexe Probleme und gewinnen allein dadurch an Zuspruch. **Fakes** und **Verschwörungstheorien** unterstützen das dürftige Wissen und Können. Bei einigen ersetzt zur Schau gestelltes Selbstbewusstsein persönliche Defekte, wie von Hofstadter vermutet.

Darin könnte der Grund zu finden sein, dass die offene Gesellschaft „zu Beginn des 21. Jahrhunderts" (Zimmer 2019a: 79) wieder ein **Kampfbegriff** wird. Zimmer beruft sich besonders auf eine Initiative, für die in Deutschland stellvertretend Harald Welzer steht: http://www.die-offene-gesellschaft.de.

Welzer hat Poppers Konzept übernommen und arbeitet mit einigem Erfolg an seiner Wiederbelebung, nunmehr über 70 Jahre später. (Welzer 2017)

> Spätestens damit war *Die offene Gesellschaft und ihre Feinde* längst dem historischen Kontext, in dem sie entstanden war, entwachsen und zum philosophischen Manifest der demokratischen Grundwerte des Westens geworden. (Zimmer 2019a: 79)

Wie weit Deutschland schon als offene Gesellschaft bezeichnet werden kann, sei dahingestellt. Zu gering sind Bildung und Engagement der Bürger, zu stark ist die Rolle politischer Parteien gegenüber der direkten Bürgerbeteiligung. Doch das Pflänzchen wächst.

Zumindest dem Text der deutschen Verfassung nach sind wir auf einem guten Weg, verglichen mit anderen Ländern. (Welzer 2017: 18–24)

Drei Profis schreiben für Laien 4

Sie sind Ihnen bekannt, wenigstens den meisten Leserinnen und Lesern dieses *essentials:* Harald Lesch, Ranga Yogeshwar und Eckart von Hirschhausen. Drei Autoren berichten aus der Wissenschaft und werden von Laien verstanden.

Sie begegnen uns im Fernsehen, Internet und auch im Gedruckten. Ihr Stil in Sprache und im Auftreten könnte kaum unterschiedlicher sein: Der erklärende Professor, dessen strafenden Blick faule Studenten fürchten, der Journalist mit Familie, Vergangenheit und Zukunft sowie der Tausendsassa mit dem Blick durch Medizin, Körper und Menschen. Aus ihren Büchern können Wissenschaftler lernen, wie man Kompliziertes verständlich aufbereitet.

4.1 Physik zum Begreifen

Mit Klaus Kamphausen, seinem Co-Autor, hat Harald Lesch in den letzten Jahren zwei Werke verfasst: Die Entwicklung unserer Welt aus der Sicht eines engagierten Physikprofessors, ihre Grenzen und Gefahren. Ethik und Politik – Denk- und Handlungsräume jenseits der Physik also – geben seine Richtung vor.

Lesch verlässt damit den klassischen Argumentationsraum seiner Wissenschaft. Ein nötiges und angemessenes Vorgehen, wenn er dabei betont, dass der Wissenschaftler mit dieser Arbeit auch fremdes Gebiet betritt. Dazu zählt zum Beispiel seine Erklärung der sozialwissenschaftlichen und psychologischen Hintergründe: menschliche Gier, ein schwer fassbares Konzept.

Er stellt physikalisch-fachliche Expertise zur Verfügung, sowohl den politischen Entscheidungsträgern als auch denen, die sie in diese Rolle wählen. Das ist nicht unüblich, wenn es auch manche naturwissenschaftliche Leser seiner Texte zunächst stören mag. Geisteswissenschaftler wären dadurch weniger irritiert, mischen sich eher in politischen und kulturellen Streit ein.

A. Baumert, *Einfache Sprache in Zeiten des Wandels*, essentials,
https://doi.org/10.1007/978-3-658-27740-6_4

Hans Mohr, der sich häufig mit Grenzen zwischen Naturwissenschaft und politischer Intervention beschäftigt hatte, gesteht zwar ein:

> Mit Recht haben sich die Forscher immer wieder in die Fragen der öffentlichen Moral eingemischt. (Mohr, 1999: 179)

Man müsse jedoch den Wechsel zwischen den beiden Ebenen sichtbar aufzeigen, damit deutlich wird, in welcher Rolle der Vortragende oder Autor eines Textes sich äußert:

> Natürlich kann der Wissenschaftler absichtlich und überlegt aus dem Expertenkreis heraustreten und sich politisch äußern, aber er muß dies klar markieren und deutlich erkennen lassen, wenn er als Homo politicus auf politische Zustimmung zielt und wenn er als Homo investigans ein Expertenurteil abgibt. Dies aus gutem Grund: Es ist eine alte Erfahrung, daß wissenschaftliche Kompetenz und politische Weisheit nicht Hand in Hand gehen. Fachliche Kompetenz und wissenschaftlicher Ruhm bilden keinen hinreichenden Grund für eine ungewöhnliche politische Urteilskraft. (Mohr, 1998: 7)

Eine Markierung in diesem Sinn schafft zweifelsfrei die Sprache. Der Ausdruck Leschs ist einzigartig. Wir lesen eine Art gesprochener Sprache, die für ein hörendes Publikum gestaltet zu sein scheint. Er setzt Betonungen und nutzt Wortauslassungen im Satz, Ellipsen. Man findet ein *Holla!* ebenso wie die rhetorisch motiviert Frage *Warum ist das so?* oder einfach nur *Warum?* Ein Physikprofessor erklärt die Entwicklung der Welt, vom Anfang bis übermorgen, wenn wir es dahin schaffen.

> So findet sich im 19. Jahrhundert alles das, was wir heute kennen: Tempo, Tempo, Tempo. (Lesch 2017: 198)

Schwer verständliches Akademikerdeutsch rutscht ihm nur selten in den Text, die lesenden Laien werden es verzeihen:

> Konkurrenz und Kooperation, Variation und Selektion, alle Prin-zipien der Evolution unterstehen der Hierarchie prozessualer Zeitskalen. (Lesch 2017: 79)

Lesch hält einen Spiegel vor das Gesicht: So sind wir, so verhalten wir uns, vom Gebrauch der Rohstoffe, dem Umgang mit der Natur bis zu unseren staatlichen und wirtschaftlichen Organisationsformen oder auch dem Umgang miteinander. Alles aus der Sicht eines Physikers, der sich als Anhänger des kritischen Rationalismus (Lesch 2018: 141) sieht.

In *Die Menschheit schafft sich ab* (Lesch 2017) zeigt sich die Entwicklung als Ganzes, vom Urknall bis zu einer möglichen Zukunft. Der Mensch und sein kurzer Gastauftritt sind in dieser Betrachtungsweise ein Zwischenspiel, das nur in der Sicht unserer kurzen Lebensdauer bedeutend ist. Die Natur selbst, äußert Lesch vielerorts, kennt uns gar nicht.

Deswegen ist beeindruckend, mit welcher Borniertheit einige daran arbeiten, die Zeit unserer Spezies zu verkürzen. Wir sind dem jedoch nicht chancenlos ausgeliefert, sondern wir könnten den Zeitraum für die Menschheit erweitern.

Diesen Gedanken greift *Wenn nicht jetzt, wann dann?* (Lesch 2018) auf. Für einen Stopp ist es vielleicht noch nicht zu spät. Der Bremsweg ist zwar lang, aber wir können das Ruder herumreißen. Wenigstens der Versuch ist sinnvoll.

Leschs Botschaft ist eindeutig. Wir vergleichen unsere Lebensweise mit bekannten Naturgesetzen und gelangen zu betrüblichen Ergebnissen: So wie wir leben, ist ein Planet überfordert.

Die Menschheit kommt mit 1,7 Planeten Erde aus und ist damit noch sparsam im Vergleich zu besonders auffälligen Sündern. Europäer und Nordamerikaner brauchen jeweils mehrere Erden, wenn wir die Daten des **ökologischen Fußabdrucks** zugrunde legen (vgl. auch *ökologischer Rucksack*, Schmidt-Bleek 1994). Aktuelle Zahlen und Information zu Geschichte und Arbeitsweise des Fußabdrucks finden Sie unter https://www.footprintnetwork.org/ Diese Zahlen alarmieren, denn:

> Der Planet Erde ist eine Kugel, die eine endliche Oberfläche hat. Auf dieser endlichen Oberfläche steht nur eine endliche Menge an Ressourcen zur Verfügung. Tut mir leid, mehr ist nicht drin, mehr geht einfach nicht. Eine zweite Erde steht nicht zum Entde-cken und Ausbeuten zur Verfügung. (Lesch 2017: 177)

Damit greift Lesch das Konzept der **planetaren Grenzen** (planetary boundaries) auf. Sein Buch gibt eine leicht fassliche Übersetzung und Anpassung eines Gedankens, der 2009 von 29 Wissenschaftlern eingeführt worden ist.

> Das exponentielle Wachstum menschlicher Tätigkeit verstärkt die Befürchtung, dass weiterer Druck auf die Erde als Ganzes entscheidende biophysische Systeme destabilisieren kann. Es könnte plötzliche oder nicht rückgängig zu machende Umweltveränderungen hervorrufen, die sich schädlich oder sogar katastrophal auf menschliches Wohl auswirken würden. (Rockström u. a. 2009: o. S.)

Wenn die Menschheit weitermacht wie bisher, werden wir vor allem eine Spur in den Sedimenten hinterlassen, Kohlenstoff, Knochen und Krimskrams, mehr bleibt nicht.

Sollten Außerirdische das in ferner Zukunft untersuchen, kämen sie zu der Erkenntnis, dass es hier einmal Zivilisationen gegeben hat. Intelligenz und Dummheit müssen bei den Bewohnern eine zerstörerische Allianz eingegangen sein. Schade, man hätte gerne von ihren Gedanken gewusst. Die sind aber für immer verloren. Bücher, leider auch meine, findet man nicht mehr.

Als Ganzes ist die Menschheit auf diesen Weg geraten; nun ist es an der Zeit, die Richtung zu ändern. Unmöglich wäre es nicht.

> Die gute Nachricht ist, wir wissen, wie wir handeln könnten, wir haben die Technologie und das Know-how. Einzig Absicht und Einsicht fehlen. (Lesch 2017: 240)

Zwei Bücher, fast 900 Seiten, eine Enzyklopädie des Versagens und der Chancen: Interviews, Tabellen, Grafiken, Fotos und Einschübe erleichtern die Lektüre.

Beide Bücher sind gelungene Beispiele der Kommunikation mit Fachfremden. Leser können herauspicken, was sie interessiert, und sie werden auch etwas finden. Ihre Aufmerksamkeit wird immer wieder geweckt und erhalten (Baumert 2019: 16–18). Auch ungeübte Leser können sich hineinwühlen und werden angeregt, weiter zu lesen.

Warum die Autoren und Verlage für diese Fülle fast keine Such- und Findehilfen vorsehen, bleibt ihr Geheimnis. Auf gut nutzbare Verzeichnisse und Register darf ein Werk dieses Umfangs nicht verzichten. (Baumert 2018a: 69–72 und Baumert 2019: 19–20)

Wenn mir auch die inhaltliche Kritik nicht zusteht, bleibt eine Irritation. Sie entsteht durch die Rolle, die dieser Autor seiner Wissenschaft einräumt. Wieso trägt das Wissen der Physik kaum Früchte, wenn das vorherrschende destruktive Verhalten einiger die Welt als Ganzes gefährdet? Was Lesch den Laien mitteilt, weiß auch eine promovierte Physikerin im Kanzleramt. Warum also ändert sich noch so wenig?

Diese Frage kann nur eine wissenschaftliche Gesamtsicht beantworten. Soziologie, Psychologie, Politikwissenschaft und Pädagogik liefern Beiträge dazu. Wer sich auf die Physik als einzige Quelle beschränkt, muss mit einem Ausschnitt zurecht kommen. Eine Einladung an die anderen wäre der bessere Ansatz.

Vielleicht würde eine soziale Naturwissenschaft dem genügen. Als etwas Neues könnte sie den Besitzansprüchen der etablierten Disziplinen widerstehen, argumentieren Stehr und von Storch. (Stehr; Storch 1998: 9–11)

4.2 Wissenschaftsjournalismus am Beispiel

Reportagen, eigene Erlebnisse in der Familie und professionell: Ranga Yogeshwars Buch darf auf Farbe verzichten, weil Sprache und Darstellungsform bunt genug sind.

Der Autor war in Tschernobyl und Fukushima; er hat aus nächster Nähe gesehen, wozu Atomenergie führen kann, wenn alles schiefgeht, der Kontrolle entgleitet. Und er kann darüber schreiben, ist immer nahe als Reporter, der hinsieht und berichtet, dem mehr als einmal mulmig wird. Seine Reportagen fesseln auch deswegen, weil Yogeshwar gar nicht erst vortäuscht, einen nüchternen und rein sachlichen Bericht abzuliefern. Nein, er ist mittendrin, soweit das möglich ist, und ergreift Partei.

Er schreibt über eine lebenswerte Welt, die von mächtigen destruktiven Kräften zurückerobert werden muss. Es ist eine Welt, die längst aus den Fugen geraten ist.

Oft fängt es klein an. Sobald man sich daran gewöhnt hat, ist daraus ein Monster geworden, das jenseits von Sinn und Verstand alles niederzuwalzen droht. Ein Beispiel aus dem Zusammenwirken von EDV – einer ursprünglich reinen Domäne von Physik, Logik und Mathematik – mit dem Geld ist der computerisierte Derivatehandel. In Deutschland begann er 1990 an der Frankfurter DTB, der ehemaligen Deutschen Terminbörse, in der Schweiz schon 1988 an der SOFFEX.

Man handelte zu Beginn nicht mehr mit Aktien sondern mit Optionen darauf. Ich kaufe dir x Aktien zum Preis von heute am Datum t ab, ein *Call.* Ist der Kurs bis dahin gestiegen, mache ich Plus, du Minus. Mit anderem Vorzeichen ging es auch zum Verkauf, dem *Put.* Niemand will aber das Minus, deswegen werden die Positionen abgesichert, *gehedged.* Von dort bis zum Hedgefond war es dann nicht mehr weit.

Nichts von alledem ist wirklich, die Aktien müssen den Besitzer nicht wechseln, es ist ein Spekulationsgeschäft. Alles ist ein komplexes und schwer durchschaubares Gemenge von Computerhandelsplätzen, Netzstrukturen und Wetten. Sie heißen beispielsweise Optionen, Futures, Swaps und werden *Instrumente* genannt. Der Handel ist international und der Kontrolle nationaler Regierungen nicht zugänglich. Yogeshwar zeigt die Entwicklung:

> Die Weltwirtschaftsleistung, also die Summe aller produzierten Waren und Dienstleistungen im Jahr beträgt etwa 75 Billionen US-Dollar. Hierunter fällt alles, was real erwirtschaftet wurde.
>
> Der Wert aller Finanzderivate, also der spekulativen Wetten auf die Zukunft, besitzt hingegen ein Volumen von 705 Billionen US-Dollar.
>
> Das heißt, die Summe der ausstehenden Derivate ist fast zehnmal so hoch wie die Weltwirtschaftsleistung! (Yogeshwar 2018: 353)

Clevere Händler, die richtigen Netze, Computer und Programme bringen große Finanziers in satte Gewinnzonen. Dranbleiben, ausbauen, nie nachlassen, sonst reißt der Draht. Blitzschnelle Reaktionen werden am besten auf Künstliche Intelligenz bauen. Nichts ist dann mehr wirklich, nur einige Kontostände steigen real um die Spekulationsgewinne, andere gehen in den freien Fall über.

Der Anfang solcher Desaster schaut meist harmlos aus, zum Beispiel: Ein Telefon mit Foto, Film, Stimmaufzeichnung, Positionserkennung und integriertem Computer mag manchmal sinnvoll sein. Erst später tritt der Irrsinn hervor. Als Smartphone in der Tasche kann es jeden besser ausspionieren, als alle Staatssicherheiten der Vergangenheit gewünscht hatten. (Yogeshwar 2018: 204–210)

Terroristen werden das Smartphone deswegen hassen, weder können sie prinzipiell darauf verzichten, noch können sie dieser Variante der Fußfessel entkommen. Sie müssen sich auf spektakuläre und grausame Aktionen beschränken, die von Medien in ihrem Sinne unter das Volk gebracht werden. Das zeigt Folgen:

> Nicht die Bedrohung, sondern die Angst vor der Bedrohung tötet uns. (Yogeshwar 2018: 238)

Die Wirkung ist somit garantiert, doch in Wirklichkeit fallen ihnen in den deutschsprachigen Ländern verschwindend wenige Menschen zum Opfer.

Aber nicht nur Terroristen werden durch neue Technik transparent, denn auch uns andere beraubt sie der Intimität. Also beginnen einige, Kameras an Rechnern zu überkleben, das Smartphone nie bei intimen Gesprächen oder Vergnügungen dabei zu haben: Der Verhaltenskodex der Spione und Terroristen droht zum Allgemeingut zu werden. Irgendetwas ist schiefgelaufen. Der Hilferuf des Zauberlehrlings im Gedicht ist aktueller denn je:

> Herr, die Not ist groß!
> Die ich rief, die Geister,
> Werd' ich nun nicht los.

Was sollen wir tun? Erhängen, vergiften, vor den Zug werfen, die Plastiktüte über den Kopf ziehen, bevor sie ein Eisbär im Meer findet und an ihr erstickt? Ein Meister, der wie im Gedicht uns rettet, wird nicht kommen. Die Menschheit muss es selber schaffen.

> Das Schicksal der Welt ruht nun auf unseren Schultern. Wir sind damit die erste Generation in der Menschheitsgeschichte, die sich ohne Gottes Hilfe um planetare Dinge kümmern muss. (Yogeshwar 2018: 118)

Die Momentaufnahme zeigt wohl unerhörte Fehlentwicklungen, doch sie zeigt auch, zu welcher Klugheit unsere Spezies imstande ist, wenn es eng wird. Yogeshwar ist eben auch ein glaubhafter Zeuge, wenn Gutes zu berichten ist. Sein Buch heißt *Nächste Ausfahrt Zukunft* und nicht *Letzte Ausfahrt verpasst.*

Alternative Fortbewegungsmittel, das Auto nicht mehr als Prestigebesitz – Car Sharing –, und andere Beispiele dieser Art könnten einen Weg weisen. Computerprogramme zur freien Nutzung – Open Source – sind in vielen Hochschulen anerkannte Arbeitsmittel, man spricht von einer Wirtschaft des Teilens – Sharing Economy – und studiert weltweit in virtuellen Seminarräumen.

4.3 Medizin mit Magie

Dieser Arzt ist tatsächlich ein Zauberer. Tagsüber schuftete Eckart von Hirschhausen an seiner Dissertation, abends stand er auf Kleinkunstbühnen und unterhielt sein Publikum. So eine Mischung geht nicht spurlos an einem vorbei; er ist beidem treu geblieben – mit Einschränkungen.

Der Einfluss von Fakes und Verschwörungstheorien dürfte von Hirschhausen nicht verblüffen. Zauberer täuschen schließlich die Gehirne der Zuschauer, sie machen es sogar offen auf der Bühne.

> Irrationale Annahmen werden durch ihre Widerlegung nicht etwa aufgelöst – vielmehr wird noch intensiver daran geglaubt, weil wir die Täuschung mehr lieben als die Enttäuschung. Und wir lieben auch die Täuscher mehr als die Aufklärer, die schnell in die Ecke der Spielverderber rutschen. (Hirschhausen 2017: 152)

An dieser Aussage ist zweierlei zu erkennen: Erstens die einfache, leicht verständliche Sprache und zweitens die Vereinfachung des Sachverhalts. Der Wissenschaftler fragt sofort nach den Belegen, die werden hier aber nicht geliefert: Das Buch ist für ein fach**extern**es Publikum geschrieben, nicht für Psychologen, Mediziner oder Kognitionswissenschaftler.

Er hat Wunderheiler angeschaut, war Gast bei einer Schamanin und ist nie zu vornehm, um nicht eine andere Meinung einzuholen, auch jenseits der Schulmedizin. Einen Trick der Wunderheiler hat er für seine Veranstaltungen kopiert. Der Heiler holt allerlei Gekröse aus dem Leib eines menschlichen Versuchskaninchens. Dabei fließt Theaterblut und tropfende Innereien irgendwelcher Tiere landen im bereitgestellten Eimer. Die Zuschauer staunen, weil keine Narbe zu sehen ist. Das hilft bestimmt! Bei von Hirschhausens Auftritten ist es der Blinddarm und – zum Schluss – eine Quietscheente (Hirschhausen 2017: 139)

Gehören Sie zu denen, die Homöopathie für Unfug halten? Wer wissenschaftlich denkt, dem bleibt nichts anderes übrig. Im Unterschied zu Skeptikern wie mir geht von Hirschhausen jedoch mit Verständnis an das Thema.

Er erklärt erst einmal, warum dieser Zauber zu Beginn wenigstens teilweise in Ordnung war: Als Samuel Hahnemann die Methode ersann, waren richtige Medikamente meist gemeingefährlich. Man drangsalierte Patienten mit Essenzen und Tinkturen, die auch einen Gesunden in den Krankenstand hätten befördern können. Sie so zu verdünnen, dass sie unschädlich waren, muss für einige Opfer ein Segen gewesen sein. (Hirschhausen 2017: 208)

Hinzu kam, dass der Homöopath sich Zeit für den Patienten nahm. Ein gutes Gespräch und Vertrauen setzen Selbstheilungskräfte in Gang, die oft – aber nicht immer – das Leiden mindern oder beseitigen. Das funktioniert sogar bei einigen Haustieren: Wenn Ihr Hund sieht, wie Sie sich um ihn sorgen, wirkt Homöopathie ähnlich wie beim Menschen, und Waldi geht es besser.

Vielleicht ist es wie mit den Placebos, Tabletten, Tropfen oder Spritzen ohne Wirkstoff: „Placebos wirken auch, wenn man weiß, dass es welche sind." (Hirschhausen 2017: 49–55, 54)

Lachen gehört zur Marke *von Hirschhausen,* der als Mediziner auch den leisen Ton beherrscht: Wen eine schwere Krankheit plagt, der muss zum Arzt, und manche Krankheiten kann weder die Selbstheilung noch irgendeine Medizin der Welt besiegen. Dann hängt es von der Gesellschaft, von Familie und Freunden ab:

> Heilung kann auch heißen, zu akzeptieren, dass nicht alle heil sind. Aber dazugehören. (Hirschhausen 2017: 97)

Wer so verständnisvoll angesprochen wird, lässt sich vielleicht auch überzeugen, wenn er aus Furcht vor im Internet vertretenen Auffassungen das Impfen verweigert. Die vielen Ängstlichen setzen unwissentlich auf Risiko und spielen mit Leben und Gesundheit eigener Kinder wie fremder Menschen, die aus medizinischen Gründen nicht geimpft werden können. (Hirschhausen 2017: 227–235) Wenigstens für sie ist dieser Arzt ein vertrauenswürdiger Botschafter der Vernunft. Dazu auch die Informationsseite des Robert Koch Instituts: https://www.rki.de/DE/Content/Infekt/Impfen/impfen_node.html.

Den Bornierten oder ideologischen Überzeugungstäter wird jedoch niemand eines Besseren belehren.

4.4 Unters Volk mischen

Jede gut sortierte Buchhandlung bietet Werke an, die wissenschaftliches Denken der Allgemeinheit nahebringen. Sie sind kein Zauberwerk, entstehen aus fachlicher Kompetenz und sprachlichem Können.

In den drei Beispielen nutzen die Autoren unterschiedliche Formen einer einfachen Sprache. Nichts ist langweilig, vieles – bei von Hirschhausen fast alles – auch einem Publikum mit etwas unterdurchschnittlicher Lesekompetenz gut verständlich. So kann wenigstens zum Teil das Wissen der Wissenschaft schrittweise in Wissen der Allgemeinheit übergehen.

Nicht jeder Wissenschaftler kommt auf den Gedanken, sich in solcher Form auszudrücken. Vielleicht fehlen Zeit, Interesse und Sprachkönnen.

Zeit kann niemand schenken, Interesse muss sich selbst entwickeln, nur für Sprachkönnen steht Hilfe zur Verfügung: eine einfache Sprache (Baumert 2018a, 2019).

5 Von heute in die Zukunft

5.1 Das Anthropozän

„Wir bewegen uns in ein Zeitalter, das man eines Tages vielleicht das Anthrozän nennen wird.“, schrieb der Wissenschaftsjournalist Andrew Revkin (1992: 55, Übersetzung A. B.) Damit landete er 1992 fast einen Volltreffer, denn wir sprechen heute ganz in Revkins Sinn vom *Anthropozän.*

Wissenschaftlichen Status gewann die Bezeichnung durch den Nobelpreisträger Paul Josef Crutzen, der sie zunächst in einem gemeinsam mit Eugene Stoermer verfassten Artikel (Crutzen, Stoermer 2000: 17) nutzte. Anschließend machte er sie in *Nature* der Wissenschaft weltweit bekannt. (Crutzen 2002)

> Es scheint angemessen, die Benennung **Anthropozän** auf das gegenwärtige in vielerlei Weise von Menschen bestimmte geologische Zeitalter anzuwenden. […]
>
> Solange sich keine globale Katastrophe ereignet – ein Meteoriteneinschlag, Weltkrieg oder eine Pandemie –, wird die Menschheit für viele Tausend Jahre eine entscheidende Größe bleiben. Wissenschaftler und Ingenieure stehen vor der beängstigenden Aufgabe im Anthropozän die Gesellschaft bei einem ökologisch nachhaltigen Management zu geleiten (to guide). Begleitend wird auf allen Ebenen ein angemessenes menschliches Verhalten erforderlich. (Crutzen 2002: 23 | Übersetzung A. B.)

Danach ist die Menschheit in eine Situation geraten, die neues Denken, neue Modelle und neues Handeln zwingend einfordern. Was immer getan werden muss, wird radikal sein, sonst funktioniert es nicht. *Radikal* im Sinne von an die Wurzeln gehend, Produktionsmethoden, Lebensumstände, Organisation des Alltags, Umgang miteinander, Prioritäten und Werte ändernd – weltweit.

Wissenschaftler und Ingenieure werden dabei **geleiten.** Diese Interpretation des Crutzen-Texts ist mir wichtig. *To guide* im Sinne von *führen* wäre absurd.

A. Baumert, *Einfache Sprache in Zeiten des Wandels,* essentials,
https://doi.org/10.1007/978-3-658-27740-6_5

Bislang sind nämlich Wissenschaft und Technik beteiligt, den Planeten zu ruinieren. Ohne sie würden kommende Generationen nicht an Atommüll verzweifeln, wäre das Klima nicht ruiniert, fielen keine intelligenten Bomben, gäbe es kein Artensterben im gegenwärtigen Umfang.

5.2 Neues Denken und Handeln

Wenn die Annahmen vieler richtig sind, dass

- zu Beginn des 21. Jahrhunderts die gesamte Menschheit in einem Überlebenskampf steht und
- demokratische Gesellschaften diese Lage nur teilweise begreifen,

dann müssen Wissenschaftler dazu Stellung nehmen. Dieses Muss ist eine ethische Verpflichtung sogar für diejenigen Forscher, die solche Annahmen bezweifeln. Heraushalten sollte sich niemand mehr, dessen Stellungnahme Bürger erwarten, um politische Entscheidungen zu treffen.

Die Ehrenpräsidenten des Club of Rome, Ernst von Weizsäcker und Anders Wijmkan, fordern in dem mit 33 weiteren Mitgliedern herausgegebenen Bericht *Wir sind dran. Was wir ändern müssen, wenn wir bleiben wollen* eine **Aufklärung 2.0.** (Abb. 5.1)

Das wird dauern, denn Wunder sind nicht zu erwarten. Die Strukturen der Wissenschaft trennen Erkenntnisse voneinander, man verliert das Ganze aus den Augen. Wir erfahren eine Trennung zwischen Wissen, Bildungssystem und Gesellschaft:

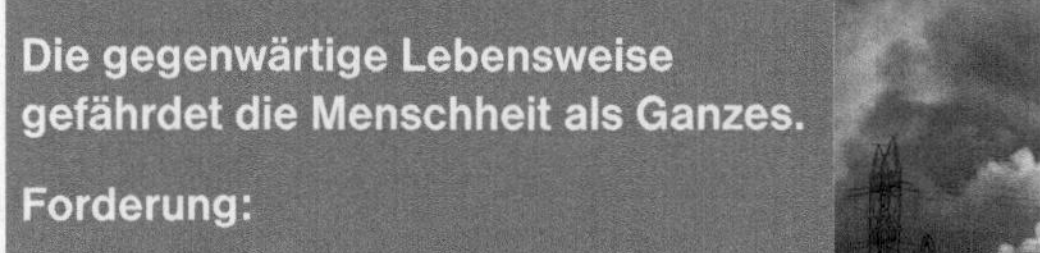

Abb. 5.1 Wir sind dran

> Nicht nur war der akademische Elfenbeinturm schon seit langem weit von der Gesellschaft entfernt, die Elementarisierung hat auch zu immer mehr Spezialdisziplinen geführt. Die Wirklich-keit als Ganzes wird kaum gesehen. Und die Forschungs- und Bildungsinstitutionen sind für die Bewältigung der heutigen Herausforderungen weitgehend inkompetent. (Weizsäcker, Wijkman 2019: 173)

Jetzt sind wir dran, wie der Buchtitel sagt, eben auch wir in Wissenschaft und Technik. Wer es bislang versäumt hat, unsere Profession, die Ergebnisse der Forschung öffentlich und verständlich zu vertreten, kann nun mithelfen, etwas gegen den Trend zu setzen. Beharrlich, mit **Fakten, Logik, Technik** und **Erkenntnis,** dies möglichst in einfacher Sprache. Der Erfolg ist nicht garantiert, mehr Pfeile haben wir aber nicht im Köcher. Wie sind die Chancen, wird man wissenschaftlicher Expertise trauen?

5.3 Vertrauen

Schon in der fernen Vergangenheit mussten unsere Vorfahren einander vertrauen. Diese Grundhaltung wurde und wird auch heute nur dann aufgegeben, wenn Indizien für eine Täuschung sprechen. (Sperber u. a. 2010: 361) Misstrauen war und ist immer möglich, doch steht es selten am Anfang.

Den Wahrheitsgehalt einer Mitteilung bewerten wir nach einer auf unseren Erfahrungen beruhenden Bewertung des Partners,

- seiner **Kompetenz** die Sache zu beurteilen,
- seinen **Interessen** und
- der **Aufrichtigkeit,** die wir ihm zubilligen. (Sperber u. a. 2010: 360)

So oder sehr ähnlich sieht auch eine aktuelle Interpretation des Vertrauens aus, das Bürger der Wissenschaft entgegenbringen:

> Aus unseren eigenen empirischen Untersuchungen wissen wir, dass Vertrauensurteile in Wissenschaft und in Wissenschaftler aus wenigstens drei Dimensionen bestehen: die Zuschreibung von Können, von Integrität und von guten Absichten. (Bromme 2018: 245)

Das *Wissenschaftsbarometer* bestätigt ein hohes Vertrauen (Weißkopf u. a. 2019: 15–20), die Bürger bewerten jedoch Wissenschaft in öffentlich finanzierter Forschung anders als die in privaten oder industrienahen Forschungseinrichtungen. (Bromme, Kienhues 2014: 76)

Wissenschaft bedarf der Kritik ihrer Ergebnisse. Nur so entwickelt sie sich. Die in der Methodik mathematisch geprägten Disziplinen wie Physik oder Klimaforschung leben von der **fachinternen Offenheit** ihrer Argumentation und der Reproduzierbarkeit ihrer Versuche. Nur deswegen kann man zurecht von einem Stand der Forschung sprechen. Man hat vielleicht nicht die Wahrheit entdeckt, verfügt aber gegenwärtig über keine Verfahren, bessere Ergebnisse zu erzielen; das ist der zentrale Gedanke des kritischen Rationalismus. (Popper 2005: 96)

Disziplinen der Kulturwissenschaft, beispielsweise die Sprachwissenschaft, nutzen nur manchmal vergleichbare Standards, etwa in der Phonologie oder der Indogermanistik. Sonst liefern sie Beiträge auf der Grundlage wissenschaftlichen Denkens und begrenzter, zumeist kaum reproduzierbarer Versuche. Deswegen geben meine Ausführungen zur einfachen Sprache, auch dieses *essential,* nur wissenschaftlich fundierte Empfehlungen, keine Regeln oder den Stand der Erkenntnis (Baumert 2018a, 2019).

Der Unterschied zwischen beiden ist für die **fachexterne Kommunikation** nach außen wesentlich: Der Stand der Erkenntnis in der Klimaforschung ist das menschliche Wissen über diesen Sachverhalt. Wer es negiert, hat den wissenschaftlichen Diskurs verlassen und begibt sich auf die Ebene von außerirdischen Besuchern, Chemtrails, Esoterik, Kreationismus, Parapsychologie und dergleichen. Empfehlungen zur einfachen Sprache hingegen kann jeder zu verbessern suchen. Dieser Diskurs ist fachextern offen; wissenschaftlich fundierte Argumentation muss ihre Qualität in ihm beweisen.

Wenn es jemals eine Zeit gegeben haben sollte, in der leicht verständliche Wissenschaft in **einfacher Sprache** verzichtbar gewesen wäre, ist sie jetzt vorbei. Der Konjunktiv weist darauf hin, dass einige Philosophen und Wissenschaftler diese Enthaltung seit etwa hundert Jahren als Auslieferung des Volkes an die Bande der Macht und Dummheit verstanden haben. Was immer die Urheber bezweckten, ausbaden musste es die uninformierte Masse.

5.4 Der Übergang

Popper ging davon aus, dass man die wirtschaftliche Gewalt zähmen könne. Das gestaltet sich komplizierter, als er zu seiner Zeit annehmen musste. Jeder Vorschlag zur Bewältigung der gegenwärtigen Krisen muss eine Antwort darauf suchen, die wirtschaftlich-politischen, soziologischen und psychologischen Ursachen des Schlamassels zu beseitigen. Einfache Lösungen sind nicht zu erwarten.

Verfügbare Alternativen gruppieren sich – stark vereinfacht – um die **Systemüberwindung** oder die **Systemimmanenz.**

- Überwindung setzt das Ziel, die kapitalistische Gesellschaftsordnung sukzessive oder in einem revolutionären Prozess abzuschaffen. Nachdem der Parteikommunismus sich im letzten Jahrhundert selbst als Alternative diskreditiert hatte, bleiben nur libertär-sozialistische, autonome oder anarchistische Überlegungen, für die Noam Chomsky und Michael Albert https://zcomm.org/znet werben, in Deutschland auch die Graswurzelrevolution, https://www.graswurzel.net/gwr/, eine gewaltfreie basisdemokratische Bewegung.
- Die immanente Alternative vertritt in Deutschland das Wuppertaler Institut https://wupperinst.org. Auch dessen Überlegungen setzen auf eine Revolution, allerdings jene Variante, die Appiah als *moralische Revolution* beschreibt (Appiah 2011). Damit bezeichnet er eine Veränderung, die sich als Resultat eines gewandelten **Ehrbegriffs** einstellt.

Das Konzept der moralischen Revolution gewinnt seinen Wert dadurch, dass diese eine grundlegende Veränderung bewirkt, ohne dass Gewaltanwendung zwingend nötig ist. Appiah untersucht vier absonderliche Praktiken,

- das Duell britischer Adliger,
- das chinesische Füßebinden – die Verstümmelung von Frauenfüßen –,
- die atlantische Sklaverei und
- den Ehrenmord hauptsächlich an weiblichen Familienmitgliedern (noch im Gange).

Moralische Revolutionen scheinen ähnlichen Entwicklungsschritten zu folgen, von der Ignoranz über die Darstellung des Problems, dem Gewinnen von Kombattanten bis zur Beseitigung. Schließlich fragt man, wie das alles geschehen konnte.

> ‚Was haben sie sich nur gedacht?‘, fragen wir im Blick auf unsere Vorfahren, aber wir wissen, dass unsere Nachkommen in einem Jahrhundert dieselbe Frage im Blick auf uns stellen werden. (Appiah 2011: 15)

Tatsächlich ist es wohl auch eine Frage der Ehre, was Sie und ich bereit sind zu dulden. Das Wuppertaler Institut setzt dafür sieben Orientierungspunkte, die wir als Entscheidungshilfe nutzen können. Es sind Wenden, weil die Gesellschaft hier nicht weitermachen darf wie bisher; sie muss stattdessen einhalten und eine neue Richtung einschlagen. Dabei bleiben einige dringende Fragen im Hintergrund: Atomwaffen, Rüstungsexport und Datenschutz.

Wohlstands- und Konsumwende

Ein Ziel ist die Kultur des Genug: **Entrümpeln** – vereinfacht und weniger – **Entschleunigen** – langsamer und zuverlässiger – **Entflechten** – regionaler und übersichtlicher – **Entkommerzialisieren** – dem Markt entziehen, selber machen. (Schneidewind 2018: 172–189)

Energiewende

Regenerative Energie, Ausstieg aus fossiler und nuklearer Energiegewinnung. Die Techniken sind vorhanden; große Teile der Bevölkerung stehen schon heute einer Neugestaltung nahe. (Schneidewind 2018: 190–207)

Ressourcenwende

Der Verbrauch natürlicher Ressourcen ist eindeutig zu hoch; er muss in unserer Kultur um den Faktor 4 bis 5 reduziert werden. Teilweise ist es eine Angelegenheit des Produktdesigns, dazu gehören aber auch die Konsumgewohnheiten. Das Ziel ist es, Abfall und Beschaffung von Neuprodukten drastisch zu reduzieren. (Schneidewind 2018: 208–222)

Mobilitätswende

Ab spätestens 2050 dürfen fahrende, schwimmende und fliegende Verkehrsmittel nur mit erneuerbarer Energie betrieben werden. (Schneidewind 2018: 223–242)

Ernährungswende

Fleischanteil reduzieren, regionale und saisonale Produkte vorziehen, Verpackungen und Lebensmittelabfälle wirksam verringern, Fair-Trade- und Bioprodukte bevorzugen. (Schneidewind 2018: 243–260)

Urbane Wende

Städte bilden einen je eigenen Mikrokosmos, der angepasste Modelle der Transformation einfordert.

Bis 2050 ist damit zu rechnen, dass etwa 80 % der Menschen in Städten leben werden. 3 Mrd. zusätzliche Stadtbürger werden bis 2050 allein in Asien und Afrika erwartet. Die Aufgabenfelder für eine nachhaltige Politik im Einklang mit den Bedürfnissen der Stadtbevölkerungen wurden erkannt, allgemein gültige Lösungen sind aber gegenwärtig nicht zu erwarten. (Schneidewind 2018: 261–278)

Industrielle Wende

Welche Industrien sich in einigen Jahrzehnten entwickeln werden, wo tiefgreifende Veränderungen zu erwarten sind, kann man nicht vorhersagen. Das ist anders bei der Grundstoffindustrie, der zwei Ziele gesetzt sind: So wenig wie möglich CO_2 erzeugen (Dekarbonisierung) und so viel wie möglich an gemeinsamer Nutzung teilhaben (Kreislaufwirtschaft). (Schneidewind 2018: 279–294)

Bitte wenden!
Die Wenden des Wuppertaler Instituts scheinen plausibel, unabhängig von der Gewichtung, die man ihnen verleiht. Sogar diejenigen, die eine Systemüberwindung favorisieren, müssten vieles davon nutzen.

Welche politischen Veränderungen sich neben den genannten Orientierungspunkten aus Wuppertal besonders in den Peripherien ereignen werden, kann niemand voraussagen. Ein Beispiel: 2018 sind Regenwälder der Größe Belgiens verschwunden. (Weisse, Dow Goldman 2019) In Brasilien, dem Land mit den größten Verlusten, sind dadurch indigene Völker bedroht; darüber hinaus richtet sich die Drohung gegen die gesamte Menschheit. Wird man dort in angemessener Zeit den Weg in die offene Gesellschaft finden?

Fortschrittliches und wissenschaftliches Denken sind vorhanden, sogar sichtbar: Der Leitsatz *Ordnung und Fortschritt* – ordem e progresso – in der Flagge Brasiliens geht auf Auguste Comte zurück, einem der Denker, dem das Buch Creases Aufmerksamkeit schenkt. Dazu mehr im nächsten Abschnitt.

5.5 Geschichten erzählen

Wissenschaft liefert unfreiwillig auch witzige, spannende und empörende Ereignisse, nicht nur in der Vergangenheit. Trockene Themen kann man genießen, wenn sie mit Erzählungen angereichert sind. Und es gibt viel zu erzählen.

Poppers offene Gesellschaft ist nicht minder ein Ideal als seine Wissenschaftstheorie: eindeutige Konzepte, Vorgehensweisen – eine saubere Welt. Doch oft trügt der Schein, da wird gemogelt, getrickst, gerempelt, gefeilscht, Hässliches schön gelogen, kurz: die Ellenbogen sind ausgefahren. Manchem fällt etwas in den Schoß, andere schuften ein Leben lang und sehen nie irgendeine Art von Ertrag. Wieder andere machen ihre Arbeit und interessieren sich nicht für Ruhm und Geld. Doch das weniger schöne Bild sieht man selten.

> Wissenschaftler neigen dazu, die größten Momente der Wissenschaft zu retuschieren und alle menschlichen Probleme und Schwachstellen während einer Entdeckung auszubügeln. (Brooks 2014: XXX).

Brooks erzählt die Geschichten hinter Entdeckungen. Erzählungen dieses Typs sind nicht fiktional, man könnte sie eher als Alternativen zum gängigen Vordergrundwissen auffassen. Er ist einer von vielen Autoren, die auch im Blick haben, was neben den gefeierten Entwicklungen geschah. Was bewegte die brillanten Köpfe, welche methodischen Fehler werden verschwiegen, übertüncht oder klammheimlich korrigiert. *Öffentlich* ist eben nicht gleich *wirklich.*

Damit befasst sich Robert P. Crease. Er stellt die Frage, wie es geschehen kann, dass wissenschaftliche Ergebnisse nur dann zur Kenntnis genommen werden, wenn sie den jeweils Herrschenden von Nutzen sind. Anderes übergeht man.

Auch sein Buch ist eine Kampfschrift. Er erlebt, wie in den USA die neuesten Waffen, Fluggeräte, Rechner und andere Technik geplant und gebaut werden – mithilfe der Wissenschaft. Wenn aus dieser Ecke aber dringliche Warnungen kommen, hört man weg oder ist hoffnungslos überfordert. So zum Beispiel der Kongressabgeordnete, der das Geld für Vermessungs- und Wettersatelliten sparen will: Wir haben schließlich Google Earth und Wetterkanäle! (Crease 2019: 112–114)

Der von Zeit zu Zeit aufgehende Stern am politischen Himmel der USA, Sarah Palin, hält die Untersuchung menschlicher Wirkung auf die Gletscherschmelze für überflüssig. (Crease 2019: 148) Menschen geht das nichts an, Gott wirds schon richten. Das Buch ist also amerikanisch, dumpfe Feindseligkeit gegenüber dem Wissen, selektive Wahrnehmung und Unwissen sind jedoch international.

Crease wird persönlich. Wissenschaft ereignet sich nicht im abstrakten Raum, sondern sie steht inmitten der Welt. Seine Helden sind nicht alle als Wissenschaftler bekannt, sie haben einen Hintergrund, Elternhaus, Liebschaften, Geldsorgen und sie leben in Strukturen, die man häufig *Netzwerk* nennt. Ihre Entwicklungen kennen Brüche und lassen dennoch Beharrlichkeit erkennen. Bei manchem klappt nichts, nicht einmal die eigene Beerdigung; andere landen einen Treffer nach dem anderen. Diese Erzählungen lassen gelegentlich schmunzeln und sind doch bitterernst.

Er spannt den Bogen etwa vom 16. bis zum letzten Drittel des 20. Jahrhunderts und zeigt an zehn historischen Persönlichkeiten, wie neues Denken sich gegenüber dem jeweils vorherrschenden in Stellung bringen musste. Die kurze Kurzfassung:

1. Francis Bacon, Galileo Galilei, René Descartes ≈ 16. – Mitte 17. Jh.
   Grundlagen des neuzeitlichen Verständnisses der Wissenschaft, Empirie und Mathematik. Jetzt begann der Austausch zwischen Wissenschaftlern regelhafte Züge anzunehmen, Akademien wurden gegründet.

Schon nach Galilei entstand die Gefahr der Trennung zwischen Mathematik und Wissenschaft von dem Rest der Bevölkerung. Sie wirkt bis heute, wenn Politiker betonen, dass sie ja keine Wissenschaftler seien; damit legitimieren sie ihre Ignoranz gegenüber wissenschaftlichen Erkenntnissen. (Crease 2019: 68)

2. Giambattista Vico, Mary Shelley, Auguste Comte ≈ 18. – Mitte 19. Jh.
   Wissenschaft wird nicht nur als Gegenstand der Untersuchung für sich betrachtet, sondern die – mögliche – Wechselwirkung mit der Gesellschaft tritt als neuer Aspekt hinzu. Man wird ein neues Verhältnis zwischen dem Außen und Innen brauchen. Dieses Innen bedarf einer eigenen Regelung (Vico). Literarisch ist *Frankenstein oder der moderne Prometheus* (Shelley) Ausdruck dieser neuen Sichtweise.
   Wissenschaft an sich betrachtet führte zu der Wissenschaftstheorie des Positivismus. Ihre Anwendung auf die Gesellschaft ist dann der Beginn der Soziologie als Wissenschaft (Comte). Comtes Devise *Ordnung und Fortschritt,* Ordnung in der Methode der Erkenntnis und darauf bauender Fortschritt, war als Alternative gedacht zu *liberté, egalité, fraternité.* Sie ziert heute die Nationalflagge Brasiliens. (Vgl. Crease 2019: 156)
3. Max Weber, Kemal Atatürk, Edmund Husserl ≈ Mitte 19. – Anfang 20. Jh.
   Erste soziologische Arbeiten: Die drei Idealtypen, denen wir folgen: Tradition, Verstand und Gesetz, Charisma. Sie müssen sich ergänzen, damit eine Breitenwirkung entsteht. (Weber)
   Die Gründung der modernen Türkei (Atatürk) bringt das wissenschaftliche Denken in eine religiös geprägte Gesellschaft. Beides muss sich nicht widersprechen.
   Beginnend mit Galilei, so sind einige Überlegungen Husserls zusammengefasst, hat die Mathematik eine Stellung in der Wissenschaft erlangt, die diese von der Alltagserfahrung trennt. (Crease 2019: 220–221) Sie hat den Boden unter den Füßen verloren und muss wieder geerdet werden.
4. Hannah Arendt 1906–1975
   Wenn Tradition, Verstand und Charisma über jede Vorstellung hinaus eine Person kennzeichnen können, dann ist Hannah Arendt ein Beleg für dieses Zusammentreffen.
   Sie hat uns *Eichmann in Jerusalem, ein Bericht von der Banalität des Bösen* hinterlassen, ebenso ihr Werk *Elemente und Ursprünge totaler Herrschaft.* Sie reagierte auf **jede** Form von Lüge, Gewalt und Menschenverachtung, wie unter anderem ihr Kommentar zu den Pentagon-Papieren zeigt. Ein Zitat daraus mag die Verbindung zu einem Thema dieses *essentials* zeigen, zu Fake und Verschwörungstheorie:

> Lügen erscheinen dem Verstand häufig viel einleuchtender und anziehender als die Wirklichkeit, weil der Lügner den großen Vorteil hat, im voraus zu wissen, was das Publikum zu hören wünscht. Er hat seine Schilderung für die Aufnahme durch die Öffentlichkeit präpariert und sorgfältig darauf geachtet, sie glaubwürdig zu machen, während die Wirklichkeit die unangenehme Angewohnheit hat, uns mit dem Unerwarteten zu konfrontieren, auf das wir nicht vorbereitet waren. (Arendt 2013: 10)

Wie Arendt, bevor sie Deutschland 1933 verließ, bleibt wohl Ihnen, den Leserinnen und Lesern, gleich mir meist nur Wort und Text, um aufzubegehren. Creases Vorschläge leisten das, er schlägt als kurzfristige Maßnahmen vor:

- Leere Versprechen entlarven,
- Heuchelei aufzeigen,
- lächerlich machen,
- die Verantwortlichen und ihr Tun in aufdeckende Geschichten einbinden,
- sie juristisch zur Rechenschaft ziehen, wenn durch Fehler unter ihrer Verantwortung Schäden entstehen. (Crease 2019: 269–275) Das wird bezüglich der Klimaentwicklung bei voraussehbaren Schäden in Küstenregionen der Fall sein.

Die langfristigen Empfehlungen gehen in die gleiche Richtung, vor allem rät Crease, den Verantwortlichen immer wieder auf die Nerven zu gehen, Netze zu gründen und Details in die Zusammenhänge zu stellen, aus denen sie erwachsen. (Crease 2019: 276–279)

Doch ohne das Wissen über die Zielgruppe kann dieses kleine Programm gegen Wissenschaftsfeindlichkeit auch das Gegenteil erreichen. Für Sie, die Leserin und den Leser eines *essentials,* ist es vertretbar, Impfgegner und Flacherdler in einem Satz zu nennen, ein Spott gegen Unvernunft.

Bei anderen muss man befürchten, sie mit Scherzen tiefer in den Sumpf zu treiben, oder: Über das lausige Englisch eines EU-Kommissars lacht nur, wer es besser beherrscht. Viele Millionen, die es schlechter oder überhaupt nicht sprechen, sehen vor allem die überhebliche Kritik akademischer Gegner des vermeintlich einfachen Menschen.

Autoren, die Wissenschaft auch in Geschichten verarbeiten, hier Brooks und Crease, sind gute Lehrer für Wissenschaftler und Techniker. In Deutschland werden ähnliche Bücher von Manfred Geier veröffentlicht, über die Aufklärung, Wittgenstein, Heidegger, Kant, die Humboldts, Karl Popper und andere. Wissenschaft und Philosophie als Teil der Welterfahrung, nicht verkapselt in dem für Laien unzugänglichen Raum akademischen Wettbewerbs.

Sie nutzen eine uralte und wirksame Methode, Inhalte verständlich zu kommunizieren. Das Verfahren reicht vom kleinen Beispiel über ein Kapitel bis zum Buch. (Baumert 2018a: 93–103). Lesch, Yogeshwar und von Hirschhausen verwenden es auch in audiovisuellen Medien, bauen Interviews, Kurzreportagen und Berichte ein. Wir sind folglich nicht dazu verurteilt, unsere Zielgruppen zu langweilen, ein leicht verständliches Beispiel über den jährlichen Saftverbrauch:

> Um den Saftdurst eines einzigen Deutschen zu stillen, werden in Brasilien 24 Quadratmeter Land mit Orangenbäumen bepflanzt. Das liest sich bescheiden, doch es summiert sich zu 150000 Hektar – dem Dreifachen der gesamten Landfläche, auf der in Deutschland Obst angebaut wird. (Schmidt-Bleek 1994: 157)

5.6 Einfache Sprache

Auf welchen Ebenen ein Wissenschaftler kommuniziert, wird unterschiedlich gesehen. Der Klimaforscher Hans von Storch nennt aus seiner Erfahrung vier Gruppen der Kommunikation:

1. physikalische Wissenschaften
2. andere Naturwissenschaften
3. Nicht-Naturwissenschaften
4. Öffentlichkeit, politische und wirtschaftliche Entscheider und Medien (Storch 2018: 23)

Texte der Klimaforschung, einer physikalischen Wissenschaft, bereiten anderen Physikern keine oder kaum Schwierigkeiten (1). Erste „systematische Kommunikationsprobleme“ entstehen mit anderen Naturwissenschaften, weil Wörter oder Wortbedeutungen nicht gleich genutzt werden. Zusätzlich treten „Theorien und Befunde“ auf, die nicht auf die Klimaforschung zurückgehen (2).

Mit anderen Wissenschaften „trägt in der Regel nur Alltagssprache“ (3). In meinem Verständnis berichtet von Storch von einer wissenschaftstheoretischen Differenz in den Grundannahmen; „stattdessen wird oft unkritisch das mediale Konstrukt der ‚Klimakatastrophe‘ akzeptiert.“

Der letzten Gruppe (4) sind Forschungsergebnisse häufig nicht bedeutend. „In dieser Situation ist methodische Belastbarkeit der Ergebnisse oft weniger wichtig als ihre politische Nützlichkeit.“ (Storch 2018: 24–25)

Damit ist dann der Weitergabe von Wissen genug getan. Ja, die Erde erwärmt sich, die Menschheit hat großen Anteil daran, man könnte auch etwas dagegen unternehmen. (Storch 2019: VI) Dass es eine Katastrophe ist, bewertet nach von Storch aber nicht der Klimaforscher, diese Aufgabe kommt anderen zu.

Dieses *essential* vertritt dagegen die Auffassung Mohrs. (Mohr, 1998: 7) Wissenschaft hat das Recht, außerhalb ihrer Sphäre zu informieren, sie muss nur deutlich machen, dass dies ein **fachexterner** Beitrag ist. (Vgl. Schubert 2007, Baumert 2019). Bei einigen Themen dieses Texts hat sie sogar die Pflicht zur Teilnahme an der gesellschaftlichen Bildung. Das ergibt sich zwingend aus ihrer Rolle in der offenen Gesellschaft.

Einfache Sprache ist ein geeignetes Instrument dafür. Sie ist in Handreichungen oder Arbeitsblättern für das Studium Generale ebenso angemessen wie für Anfängerveranstaltungen und alle Texte, die von **fachfremden** Akademikern gelesen werden. Sie ist erwünscht in betrieblichen Projektteams ebenso in Veröffentlichungen für ein **allgemeines Lesepublikum;** zu ihrem Gelingen müssen Autoren die **Lesekompetenz** ihrer Zielgruppe beachten.

In Deutschland erreicht etwa die Hälfte der Erwachsenen nicht die Stufe mittlerer Lesekompetenz. Für viele dieser Bürger ist ein Text in einfacher Sprache verständlich. (Abb. 5.2) Zu den Kompetenzstufen: Daten der OECD (Zabal u. a. 2013: 31–47). Als Leser mit geringer Lesekompetenz gelten auch viele, die das Deutsche als Fremdsprache lernen oder gelernt haben. Sie sind womöglich in anderen Sprachen außerordentlich kompetent, nur im Deutschen nicht.

Dabei ist einfache Sprache kein Verstoß gegen die Forderung nach gutem Deutsch. Im Gegenteil! Ein Sachtext kann ausschließlich dann brillant sein, wenn er sich am Leser orientiert.

Der Vorteil einer einfachen Sprache ist, dass man sie der Zielgruppe anpassen kann. Einfache Sprache in einem Behördenbrief sieht anders aus als in den Dokumenten eines Projektteams. Man schneidet sie **lesergerecht** zu und erreicht so eine möglichst reibungsarme Kommunikation zwischen Technikern, BWLern und Wissenschaftlern anderer Fachrichtungen.

Abb. 5.2 Einfache Sprache für Bürger der offenen Gesellschaft

Der Kern jeder Planung eines Textes besteht mindestens aus den Fragen *Wer soll das lesen?, Was kann er verstehen?, Welche Information sucht er?* und *Was weiß er schon?* (Ausführlicher in Baumert 2018a, b und 2019)

Einfache Sprache – oder englisch: *plain language* – ist ein Erfolgsmodell. (Baumert 2018a: 55–57) Man wird dennoch auch mit diesem Instrument nicht jeden erreichen. Ebert und Fisiak verwenden die juristischen Fachausdrücke *Holschuld* und *Bringschuld.* Zwar hat der Autor eine „rhetorische Bringschuld“, aber auch der Leser muss sich nach seinen Fähigkeiten bemühen, einen Text zu verstehen, hat die Holschuld. (Ebert, Fisiak 2018: 91). Oder: Wer darauf Wert legt, kann erfolgreich etwas nicht begreifen.

> Der Text für jeden kann nicht mehr als eine Chance einräumen. (Baumert 2018a: 60)

Diese Chance zu gewähren ist die Pflicht jedes Autors in der fachexternen Kommunikation.

Was Sie aus diesem *essential* mitnehmen können

- Sie überblicken die Gefahren einiger Verschwörungsgespinste.
- Sie kennen Grundlagen der offenen Gesellschaft.
- Sie ahnen, welche Aufgaben auf uns warten.
- Sie können unsere kurzen Beispiele zu einem eigenen Schatz erweitern.
- Sie erkennen einfache Sprache als Instrument der Information.

A. Baumert, *Einfache Sprache in Zeiten des Wandels,* essentials,
https://doi.org/10.1007/978-3-658-27740-6

Literatur

Albert, Hans (2015): Karl Popper und die Philosophie im 20. Jahrhundert. In: Ian C. Jarvie, Karl Milford und David Miller (Hg.): Karl Popper. A centenary assessment. Reprint of the Ashgate edition of 2006. 3 Bände. London: College Publications (Texts in Philosophy, 24), Bd. 1, S. 17–33.

Appiah, Kwame Anthony (2011): Eine Frage der Ehre. Oder: Wie es zu moralischen Revolutionen kommt. München: C. H. Beck.

Arendt, Hannah (2013): Die Lüge in der Politik. Überlegungen zu den Pentagon-Papieren. In: Wahrheit und Lüge in der Politik. Zwei Essays. München: Piper (Piper, 30328), S. 7–43.

Baumert, Andreas (2019): Mit einfacher Sprache Wissenschaft kommunizieren. Wiesbaden: Springer.

Baumert, Andreas (2018a): Einfache Sprache. Verständliche Texte schreiben. Unter Mitarbeit von Annette Verhein-Jarren. Münster: Spaß am Lesen.

Baumert, Andreas (2018b): Einfache Sprache und Leichte Sprache. Kurz und bündig. Bibliothek der Hochschule Hannover. https://nbn-resolving.org/urn:nbn:de:bsz:960-opus4-12348.

Bromme, Rainer (2018): Die drei Dimensionen des Vertrauens. Interview, geführt von Könneker. In: Carsten Könneker (Hg.): Fake oder Fakt? Wissenschaft, Wahrheit und Vertrauen. Heidelberg: Springer, S. 243–250.

Bromme, Rainer; Kienhues, Dorothe (2014): Wissenschaftsverständnis und Wissenschaftskommunikation. In: Tina Seidel und Andreas Krapp (Hg.): Pädagogische Psychologie. 6., vollständig bearb. Aufl. Weinheim: Julius Beltz, S. 55–81.

Brooks, Michael (2014): Freie Radikale – Warum Wissenschaftler sich nicht an Regeln halten. Berlin, Heidelberg: Springer.

Butter, Michael (2018): „Nichts ist, wie es scheint“. Über Verschwörungstheorien. Berlin: Suhrkamp.

Crease, Robert P. (2019): The Workshop and the World. What Ten Thinkers Can Teach Us About Science and Authority. New York, London: W. W. Norton & Company.

Crutzen, Paul Josef (2002): Geology of Mankind. In: Nature 415 (6867), S. 23.

Crutzen, Paul Josef; Stoermer, Eugene Filmore (2000): The “Anthropocene”. In: Global Change Newsletter (41), S. 17–18.

Ditfurth, Hoimar von (1985): So lasst uns denn ein Apfelbäumchen pflanzen. Es ist soweit. Hamburg, Zürich: Rasch und Röhring.

A. Baumert, *Einfache Sprache in Zeiten des Wandels,* essentials,
https://doi.org/10.1007/978-3-658-27740-6

Ebert, Helmut; Fisiak, Iryna (2018): Bürgerkommunikation auf Augenhöhe. Wie Behörden und öffentliche Verwaltung verständlich kommunizieren können. 3. Aufl. Wiesbaden: Springer.

Fall, Cyrill (1980): The CIA and the Media: an Overview. In: Ellen Ray, William Schaap, Karl van Meter und Louis Wolf (Hg.): Dirty Work 2. The CIA in Africa. 2. Aufl., Secaucus NJ: Lyle Stuart, S. 121–123.

Franco, Giuseppe (Hg.) (2019): Handbuch Karl Popper. Wiesbaden: Springer VS.

Geier, Manfred (1994): Karl Popper. 2. Aufl. Reinbek: Rowohlt.

Hepfer, Karl (2017): Verschwörungstheorien. Eine philosophische Kritik der Unvernunft. 2. Aufl., Bielefeld: transcript.

Hirschhausen, Eckart von (2017): Wunder wirken Wunder. Wie Medizin und Magie uns heilen. Reinbek: Rowohlt.

Hofstadter, Richard (1964): The Paranoid Style in American Politics. In: Harper's Magazine (November), S. 77–86.

Imhoff, Roland; Lamberty, Pia (2018): Die Geheimniswitterer. In: Carsten Könneker (Hg.): Fake oder Fakt? Wissenschaft, Wahrheit und Vertrauen. Heidelberg: Springer, S. 165–176.

Joestel, Volkmar (1992): Legenden um Martin Luther. Und andere Geschichten aus Wittenberg. Berlin: Schelzky & Jeep.

Könneker, Carsten (Hg.) (2018): Fake oder Fakt? Wissenschaft, Wahrheit und Vertrauen. Heidelberg: Springer.

Lesch, Harald; Kamphausen, Klaus (2018): Wenn nicht jetzt, wann dann? Handeln für eine Welt, in der wir leben wollen. München: Penguin.

Lesch, Harald; Kamphausen, Klaus (2017): Die Menschheit schafft sich ab. Die Erde im Griff des Anthropozän. 2. Aufl., München: Komplett-Media.

Lesch, Harald; Kamphausen, Klaus; Lenz, Herbert; Wittmann, Heinrich (2016): zukunfterde. Grünwald: Komplettmedia. Online verfügbar unter https://www.youtube.com/watch?v=↖9ZUNY7sYaf0.

Mohr, Hans (1999): Wissen – Prinzip und Ressource. Berlin, Heidelberg: Springer.

Mohr, Hans (1998): Technikfolgenabschätzung in Theorie und Praxis. Vorgetragen am 6. Juni 1998. Berlin, Heidelberg: Springer (Schriften der Mathematisch-Naturwissenschaftlichen Klasse der Heidelberger Akademie der Wissenschaften, 3).

Neck, Reinhard (2019): Karl Poppers Kritik an Platons totalitärer Staatstheorie. In: Giuseppe Franco (Hg.): Handbuch Karl Popper. Wiesbaden: Springer VS, S. 463–480.

van Ooyen, Robert Christian (2019): Rückfall in die Barbarei? Leistungen und Grenzen der „Offenen Gesellschaft" von Karl Popper als Werk der Totalitarismustheorie. In: Robert Christian van Ooyen und Martin H. W. Möllers (Hg.): Karl Popper und das Staatsverständnis des Kritischen Rationalismus. Baden-Baden: Nomos, S. 57–68.

Popper, Karl R. (2012): Ausgangspunkte. Meine intellektuelle Entwicklung. Hg. v. Manfred Lube. Tübingen: Mohr Siebeck (Gesammelte Werke, 15).

Popper, Karl R. (2005): Der unbekannte Xenophanes. Ein Versuch, seine Größe nachzuweisen. In: Karl R. Popper: Die Welt des Parmenides. Der Ursprung des europäischen Denkens. München: Piper, S. 73–122.

Popper, Karl R. (2003a): Die offene Gesellschaft und ihre Feinde. Der Zauber Platons. Durchges. u. erg., 8. Aufl. Hg. v. Hubert Kiesewetter. Tübingen: Mohr Siebeck (Gesammelte Werke 5).

Popper, Karl R. (2003b): Die offene Gesellschaft und ihre Feinde. Falsche Propheten: Hegel, Marx und die Folgen. Durchges. u. erg., 8. Aufl. Hg. v. Hubert Kiesewetter. Tübingen: Mohr Siebeck (Gesammelte Werke 6).

Raab, Marius Hans; Carbon, Claus-Christian; Muth, Claudia (2017): Am Anfang war die Verschwörungstheorie. Berlin: Springer.

Revkin, Andrew C. (1992): Global warming. Understanding the Forecast. New York: Abbeville Press.

Rockström, Johan; Steffen, Will; Noone, Kevin; Persson, Åsa; Chapin, F. Stuart, III; Lambin, Eric u. a. (2009): Planetary Boundaries. Exploring the Safe Operating Space for Humanity. In: Ecology and Society 14 (2).

Salamun, Kurt (2019): Karl Poppers Kritik an Karl Marx und dem Marxismus. In: Giuseppe Franco (Hg.): Handbuch Karl Popper. Wiesbaden: Springer VS, S. 481–498.

Schmidt-Bleek, Friedrich (1994): Wieviel Umwelt braucht der Mensch? MIPS – Das Maß für ökologisches Wirtschaften. Basel: Birkhäuser.

Schneidewind, Uwe (2018): Die große Transformation. Eine Einführung in die Kunst gesellschaftlichen Wandels. Unter Mitarbeit von Manfred Fischedick, Stefan Lechtenböhmer und Stefan Thomas. Frankfurt am Main: Fischer.

Schubert, Klaus (2007): Wissen, Sprache, Medium, Arbeit. Ein integratives Modell der ein- und mehrsprachigen Fachkommunikation. Tübingen: Narr.

Soukup, Uwe (2017): Der 2. Juni 1967. Ein Schuss, der die Republik veränderte. Berlin: Transit.

Sperber, Dan; Heintz, Christophe; Mascaro, Olivier; Mercier, Hugo; Origgi, Gloria; Wilson, Deirdre (2010): Epistemic Vigilance. In: Mind & Language 25 (4), S. 359–393.

Stehr, Nico; Storch, Hans von (1998): Soziale Naturwissenschaft. Oder: Die Zukunft der Wissenschaftskulturen. In: Vorgänge 142 (2), S. 8–12.

Stelzer, Harald (2019): Karl Poppers Idee der Demokratie. In: Giuseppe Franco (Hg.): Handbuch Karl Popper. Wiesbaden: Springer, S. 499–515.

Storch, Hans von (2019): Klimawissenschaften aus transdisziplinärer Perspektive. Anmerkungen eines Klimaforschers zum öffentlichen Diskurs über den Klimawandel. In: Irene Neverla, Monika Taddicken, Ines Lörcher und Imke Hoppe (Hg.): Klimawandel im Kopf. Studien zur Wirkung, Aneignung und Online-Kommunikation. Wiesbaden: Springer, V–IX.

Storch, Hans von (2018): Kommunikative Herausforderungen für Klimaforscher. In: Lutz M. Hagen, Corinna Lüthje, Farina Madita Ohser und Claudia Seifert (Hg.): Wissenschaftskommunikation. Die Rolle der Disziplinen. Baden-Baden: Nomos (Forschungsfeld Wissenschaftskommunikation, 1), S. 23–28.

Strässle, Thomas (2019): Fake und Fiktion. Über die Erfindung von Wahrheit. München: Hanser.

Weisse, Mikaela; Dow Goldman, Elizabeth (2019): The World Lost a Belgium-sized Area of Primary Rainforests Last Year. World Resources Institute. Washington DC.

Weißkopf, Markus; Ziegler, Ricarda; Menhart, Dorothee; Kremer, Bastian; Seip, Anna; Siegel, Michael (2019): Wissenschaftsbarometer 2018. Repräsentative Bevölkerungsumfrage zu Wissenschaft und Forschung in Deutschland. Berlin: GESIS Data Archive. https://www.wissenschaft-im-dialog.de/projekte/wissenschaftsbarometer/.

Weizsäcker, Ernst Ulrich von; Wijkman, Anders (2019): Wir sind dran. Was wir ändern müssen, wenn wir bleiben wollen. 5. akt. Aufl., Gütersloh: Gütersloher Verlagshaus.

Welzer, Harald (2017): Wir sind die Mehrheit. Für eine offene Gesellschaft. 3. Aufl., Frankfurt am Main: Fischer (Fischer, 29915).

Yogeshwar, Ranga (2017): Nächste Ausfahrt Zukunft. Geschichten aus einer Welt im Wandel. Köln: Kiepenheuer & Witsch.

Zabal, Anouk; Martin, Silke; Klaukien, Anja; Rammstedt, Beatrice; Baumert, Jürgen; Klieme, Eckhard (2013): Grundlegende Kompetenzen der erwachsenen Bevölkerung in Deutschland im internationalen Vergleich. In: Beatrice Rammstedt und Daniela Ackermann (Hg.): Grundlegende Kompetenzen Erwachsener im internationalen Vergleich. Ergebnisse von PIAAC 2012. Münster: Waxmann, S. 31–76.

Zimmer, Robert (2019a): Karl Poppers „Die offene Gesellschaft und ihre Feinde“. In: Giuseppe Franco (Hg.): Handbuch Karl Popper. Wiesbaden: Springer, S. 65–80.

Zimmer, Robert (2019b): Karl Poppers intellektuelle Biographie. In: Giuseppe Franco (Hg.): Handbuch Karl Popper. Wiesbaden: Springer, S. 3–21.

Der Zauberlehrling ist entnommen

Goethe, Johann Wolfgang von (2007): Der Zauberlehrling, Werke. 6 Bände. Frankfurt am Main: Insel, Bd. 1, S. 120–123, hier: 123.

Videos

Günter Gaus interviewt Hannah Arendt am 26. Oktober 1964. https://www.youtube.com/watch?v=J9SyTEUi6Kw. https://www.bildungsserver.de/onlineressource.html?onlinerressourcen_id=35208.

Karl Popper – ein Gespräch – 1974. https://www.youtube.com/watch?v=ZO2az5Eb3H0.

Alle Links dieses *essentials* habe ich letztmalig am 27. Juli 2019 überprüfft.